Wolfgang Werft

Absturzsicherung

Ausrüstung, Sicherungstechniken und Einsatzvarianten mit Gerätesatz Absturzsicherung

ecomed
SICHERHEIT

Bibliografische Informationen der Deutschen Nationalbibliothek
Die Deutsche Nationalbibliothek verzeichnet diese Publikation in der Deutschen Nationalbibliografie; detaillierte bibliografische Daten sind im Internet über <http://www.dnb.de> abrufbar.

Bei der Herstellung des Werkes haben wir uns zukunftsbewusst für umweltverträgliche und wiederverwertbare Materialien entschieden.

ISBN 978-3-609-69629-4

E-Mail: kundenservice@ecomed-storck.de
Telefon: 089/2183-7922
Telefax: 089/2183-7620

www.ecomed-storck.de

Druck: Westermann Druck, Zwickau

Vorwort

Die Anforderungen an die Einsatzkräfte von Freiwilligen Feuerwehren, Berufsfeuerwehren, Werk- und Betriebsfeuerwehren haben sich im Laufe der vergangenen Jahre erheblich verändert. Die Anzahl der Einsätze zur Brandbekämpfung hat in den vergangenen Jahrzehnten stetig abgenommen. Dagegen hat die Anzahl der Einsätze im breitgefächerten Bereich der technischen Hilfeleistung teilweise stark zugenommen. So müssen heute selbst kleine Feuerwehren die unterschiedlichsten Notlagen meistern, um in Not geratene Mitmenschen oder Tiere zu retten, Sachwerte zu erhalten und Schäden für die Umwelt abzuwehren.

Insbesondere in der Folge von Unwettern wie Starkregen und Stürmen sowie örtlich begrenzten umfangreichen Schneefällen kommt es immer wieder zu Einsätzen im Bereich der technischen Hilfeleistung, in denen die eingesetzten Feuerwehren teilweise gefährliche und hochkomplexe Einsatzlagen abarbeiten müssen.

Dabei sind die Einsatzkräfte einer Vielzahl von Gefahren ausgesetzt, von denen die Gefahr des Absturzes nur einen Teilaspekt darstellt, der bei der Durchführung der notwendigen Einsatzmaßnahmen berücksichtigt werden muss. Für die sichere Abarbeitung derartiger Einsatzlagen müssen die im Gefahrenbereich tätigen Einsatzkräfte gegen die Gefahr des Absturzes gesichert werden.

Ein sicherer Einsatz ist aber nur dann möglich, wenn für die Feuerwehrangehörigen eine umfassende und wirksame Aus- und Weiterbildung angeboten und durchgeführt wird. Im Rahmen der Ausbildung muss den Einsatzkräften auch das praktische Verständnis für die Durchführung von Sicherungstätigkeiten gegen Absturz vermittelt werden.

Die Größe der jeweiligen Feuerwehr spielt dabei keine große Rolle, da sich auch kleine Feuerwehren in ihrem Einsatzalltag mit Einsätzen im absturzgefährdeten Bereich konfrontiert sehen.

Die Notwendigkeit nach einer im zeitlichen Umfang angemessenen Aus- u. Fortbildung im Bereich der Absturzsicherung steht jedoch dem Problem gegenüber, dass diese zusätzlich zur Aus- und Weiterbildung in den anderen Fachbereichen und Ausbildungsthemen von den meist freiwillig tätigen Angehörigen der Feuerwehren auch zusätzlich zu den immer weiter steigenden Anforderungen im Berufsleben geleistet werden muss.

Letztlich liegt es an jedem Feuerwehrangehörigen selbst, ob und in welchem Umfang er bereit ist, sich durch eine regelmäßige und aktive Teilnahme an der Aus- und Weiterbildung den gesteigerten Anforderungen der Feuerwehr zu stellen.

Das Ziel des vorliegenden Buches besteht darin, den Feuerwehrangehörigen das notwendige Grundwissen anzubieten, mit dem Einsätze sowie Aus- u. Fortbildungen in absturzgefährdeten Bereichen sicher bewältigt werden können. Dabei wird der Umfang der dargestellten technischen und taktischen Möglichkeiten bewusst auf das Wesentliche beschränkt. Dadurch soll der Leser einerseits nicht mit zu viel „totem" Wissen, also Kenntnissen, welche nur in sehr komplexen Einsatzsituationen benötigt werden, überfrachtet werden. Andererseits setzt hier der begrenzte Umfang des Buches Grenzen.

Einen Schwerpunkt des vorliegenden Buches bildet die Anwendung des genormten Gerätesatzes Absturzsicherung nach DIN 14800-17 sowie der damit möglichen Einsatzvarianten. Darüber hinaus wird die Selbstsicherung und Sicherung von Einsatzkräften bei Absturzgefahr mit einfachen Mitteln wie Feuerwehr-Halteleine und Feuerwehrhaltegurt behandelt.

Da in den vergangenen Jahren die in der Brandschutzkleidung Integrierten Rettungssysteme (IRS) zunehmende Verbreitung gefunden haben, werden auch die Sicherungsmöglichkeiten und auch Grenzen dieser Systeme behandelt.

Weiterhin sollen auch die Möglichkeiten der Selbstsicherung von Einsatzkräften im Rettungskorb von Hubrettungsfahrzeugen erwähnt werden.

Auch bei der Absturzsicherung im Feuerwehreinsatz kann und wird sich trotz aller getroffenen organisatorischen (z.B. Personalauswahl, Aus- u. Fortbildung) und technischen (z.B. Gerätetechnik, Sicherungsverfahren) Maßnahmen niemals eine 100%ge Sicherheit erreichen lassen. Es bleibt stets ein Restrisiko bei jedem Einsatz und jeder Übung. Das Ziel aller organisatorischen und technischen Maßnahmen in der Absturzsicherung muss es sein, die bestehenden und erkannten Gefahren und Risiken auf ein geringstmögliches und akzeptables Maß zu reduzieren.

Die Texte und zahlreichen Abbildungen sollen die Thematik möglichst anschaulich vermitteln. Wichtige Hinweise und Merksätze filtern die für die Praxis wichtigen Informationen heraus. Auf die Verwendung spezieller Formeln und wenig gebräuchlicher Begriffe und Einheiten wird weitgehend verzichtet. Die Angaben technischer Daten erfolgt ohne Gewähr.

Die Funktionsbezeichnungen und personenbezogenen Begriffe gelten sowohl für weibliche als auch für männliche Feuerwehrangehörige.

Der Autor bedankt sich bei folgenden Feuerwehren bzw. Firmen für ihre Unterstützung:

- Berufsfeuerwehr Nürnberg
- Berufsfeuerwehr Düsseldorf
- Feuerwehr Zirndorf
- Feuerwehr Dietenhofen
- Feuerwehr Oberasbach
- Feuerwehr Tornesch
- Drehleiter.info, eine Initiative der GFBA Gesellschaft für Brandschutzausbildung mbH
- Fa. Texport, Salzburg
- Landesfeuerwehrschule Salzburg
- Fa. PETZL
- Fa. Skylotec

Ohne die Unterstützung der Kollegen und Mitarbeiter der oben aufgeführten Firmen bzw. Feuerwehren wäre die Erstellung eines großen Anteiles der Abbildungen, die in die Gestaltung dieses Buches eingeflossen sind, nicht möglich gewesen.

Hinweis: Grundsätzlich sind bei Ausbildung, Übung und Einsatz die in den Bedienungsanleitungen der Hersteller aufgeführten Vorgaben, Einsatzgrenzen und Warnhinweise zu beachten und einzuhalten!

Nürnberg, September 2019

Wolfgang Werft

Der Autor

Wolfgang Werft
(Jahrgang 1970)

Von 1987–2014 FF Zirndorf, von 1991–2009 BF Fürth, Ausbildung zum Rettungssanitäter bei JUH Nürnberg (1993/1994), seit 2009 BF Nürnberg, von 2000–2011 Ausbilder Spezielle Rettung aus Höhen und Tiefen (SRHT), seit 2000 Ausbildertätigkeit bei unterschiedlichen Laufbahnlehrgängen der Berufsfeuerwehr (Grundausbildung, Führungslehrgänge, Drehleitermaschinisten), seit 2013 Wachabteilungsführer BF Nürnberg.

Inhaltsverzeichnis

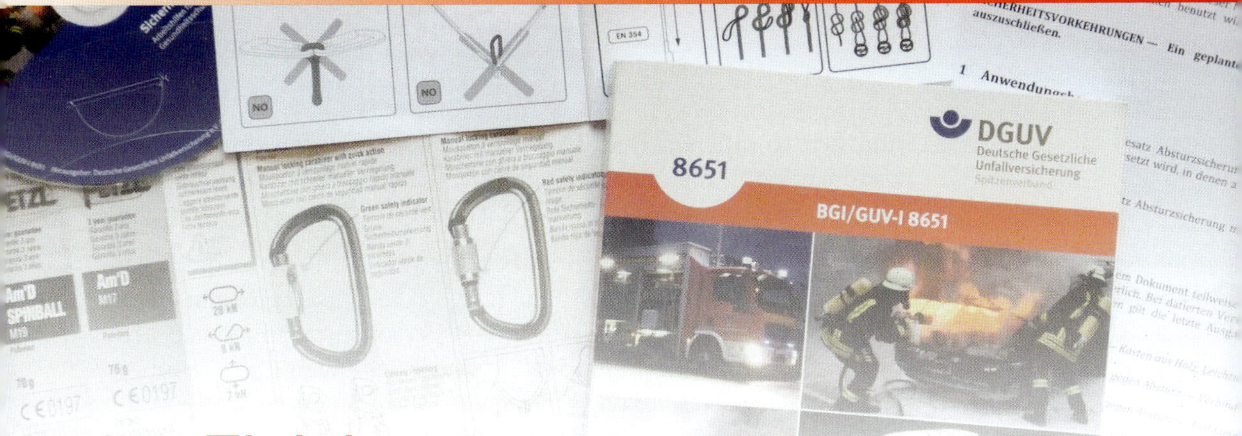

1 Einleitung

1.1 Entwicklung der Absturzsicherung und Vorschriften

Bedingt durch die Tatsache, dass die seit Jahrzehnten bei der Feuerwehr eingesetzte Feuerwehr-Halteleine nicht zum Auffangen von Stürzen geeignet ist und aufgrund der Erfahrung, dass Einsätze in Verbindung mit der Gefahr eines Absturzes, also eines möglichen freien Sturzes einer Einsatzkraft, zunehmen, hat in den vergangenen zwei Jahrzehnten der Bereich Absturzsicherung bzw. der Speziellen Rettung aus Höhen und Tiefen (SRHT) bei den Feuerwehren zunehmend an Bedeutung gewonnen.

Durch die Erfahrung der ostdeutschen Feuerwehren auf dem Gebiet der Höhenrettung und den in den alten Bundesländern verfügbaren Mitteln und Gerätschaften der Bergrettung und der Arbeitssicherheit gelang es Mitte der 1990er-Jahre, die Spezielle Rettung aus Höhen und Tiefen bei den Feuerwehren in Deutschland neu zu etablieren.

Hieraus entwickelte sich in der Folge als eine Art „vereinfachte Version“ der Bereich der Absturzsicherung unter Verwendung von Auffanggurten und Kernmantel-Dynamikseilen.

Für die Sicherung von Feuerwehreinsatzkräften, die Tätigkeiten in absturzgefährdeten Bereichen ausführen müssen, wird ein Gerätesatz Absturzsicherung benötigt, welcher von seiner Auslegung her den Anforderungen der Feuerwehren entspricht. Der Gerätesatz Absturzsicherung mit seinen Ausrüstungsteilen und Hilfsmitteln wird in Bereichen eingesetzt, in denen es auf Grund der Beschaffenheit und der räumlichen Bedingungen zu einem Unfall durch Absturz kommen kann, die aber abgesehen vom Risiko ohne Hilfsmittel erreichbar wären.

Die ursprünglich für diesen Zweck verwendete Feuerwehr-Halteleine gemäß DIN 14920 weist klar festgelegte Einsatzgrenzen auf. Sie dient der Feuerwehr zur Rettung von Personen, zur Eigensicherung (Standplatzsicherung), zum Halten und Rückhalten sowie zum Aufziehen oder Ablassen von Geräten.

Grenzen der Feuerwehr-Halteleine

Darüber hinaus wird sie noch immer zur Selbstrettung eingesetzt[1].

Folgende technische Merkmale kennzeichnen die Feuerwehr-Halteleine und daraus resultierend auch ihre Einsatzmöglichkeiten:

- Länge 30 m
- Durchmesser 10 mm
- Bruchlast 14 kN
- Gebrauchsdehnung 4,5 %

Eine dynamische, d.h. elastische und damit „auffangende“ Wirkung hat die Feuerwehr-Halteleine nicht, mit einer Gebrauchsdehnung von 4,5 % zählt sie zu den statisch wirkenden Seilen. Des Weiteren hält sie keiner Sturzbelastung über scharfe Kanten, wie sie bei Feuerwehreinsätzen in Form von Blechen, Dachziegelkanten, Profilstahl und dergleichen auftreten können, stand.

Aus den vorstehend genannten Gründen wurde auf Basis der zwischenzeitlich vorhandenen Erfahrungen der ersten neu aufgestellten Höhenrettungsgruppen hinsichtlich Gerätetechnik und Sicherungsverfahren der genormte Gerätesatz Absturzsicherung projektiert. Als Kernelement des Gerätesatzes wurde erstmals im Feuerwehrbereich ein Multisturzseil in Form eines Kernmantel-Dynamikseiles eingeführt, welches bisher nur im Bergsport gebräuchlich war. Ergänzt wurde der Gerätesatz durch diverse Bandschlingen und Karabiner, die die gesicherte Fortbewegung auf Dächern und anderen Strukturen ermöglichte sowie durch einen ergonomischen Auffanggurt. Seit der ersten Normung Ende der 1990er Jahre erfuhr der Gerätesatz Absturzsicherung im Laufe der Zeit mehrere Anpassungen hinsichtlich der enthaltenen Ausrüstungsbestandteile. Dies wurde aufgrund neuer

[1] Diese Einsatzvariante ist aus Sicht des Autors jedoch kritisch zu hinterfragen, da es fraglich scheint, ob bei einer plötzlichen Rauchdurchzündung eine Selbstrettung mittels Feuerwehr-Halteleine und Feuerwehr-Haltegurt möglich ist. Bei der Mehrzahl der dem Autor bekannten Atemschutznotfälle war eine solche Selbstrettung nicht möglich.

Einsatzerfahrungen und der stets weiterentwickelten Gerätetechnik notwendig.

Der Gerätesatz Absturzsicherung eröffnet den Feuerwehren heute ein breites Einsatzspektrum. Diese Tatsache darf die Anwender aber nicht dazu verleiten, die Risiken und Grenzen der Anwendung der Absturzsicherung im Einsatz zu unterschätzen oder gar zu vernachlässigen.

1.2 Vorschriften

Die Notwendigkeit der Absturzsicherung sowie die Ausbildung und den Einsatz der Absturzsicherung regeln eine Reihe von Vorschriften sowie Richtlinien. Es sind dies insbesondere die Regeln und Vorschriften der Deutschen Gesetzlichen Unfallversicherung Spitzenverband (DGUV), wie beispielsweise

- DGUV Regel 112–198 – Benutzung von persönlichen Schutzausrüstungen gegen Absturz
- DGUV Regel 112–199 – Retten aus Höhen und Tiefen mit persönlichen Absturzausrüstungen
- die Unfallverhütungsvorschrift DGUV Vorschrift 49 – Feuerwehren

Weiterhin ist für die Durch- und Ausführung der Absturzsicherung im Feuerwehreinsatz die Feuerwehr-Dienstvorschrift FwDV 1 „Grundtätigkeiten im Lösch- und Hilfeleistungseinsatz“ bindend. Hier wird auch die korrekte Anwendung der dafür notwendigen Ausrüstungsgegenstände und Knoten dargestellt.

Darüber hinaus finden sich in der Information der Unfallversicherer DGUV Information 205–010 „Sicherheit im Feuerwehrdienst“ genaue Angaben hinsichtlich der Vorgehensweise und Ausrüstung sowie Beschreibungen bezüglich der Gefahren und Schutzziele im Bereich der Absturzsicherung.

Weitere Informationen und Hinweise geben Merkblätter und Informationen der DGUV und der Unfallversicherungsträger der öffentlichen Hand in den einzelnen Bundesländern, wie z.B. die Feuerwehrunfallkasse Nord (FUK), Unfallkasse Saarland (UKS), Unfallkasse

Baden-Württemberg (UKBW), Feuerwehrunfallkasse Mitte (FUK Mitte), Kommunale Unfallversicherung Bayern (KUVB) oder die Unfallkasse Nordrhein-Westfalen, um nur einige Beispiele zu nennen. Für die Beschaffung und den Einsatz der Persönlichen Schutzausrüstung gegen Absturz sind auch noch die einschlägigen Normen zu beachten, beispielsweise die Angaben und Vorgaben in der DIN 14800-17 sowie der einzelnen für die jeweiligen Ausrüstungsgegenstände (z.B. Karabiner, Bandschlingen, etc.) geltenden DIN- und EN-Normen (siehe Tabelle 1).

Relevante Normen im Bereich der Absturzsicherung Feuerwehr

Tab. 1: Aufstellung der bei der Absturzsicherung Feuerwehr relevanten EN-Normen.

Norm	Norminhalt
DIN EN 354	Persönliche Schutzausrüstung gegen Absturz – Verbindungsmittel
DIN EN 355	Persönliche Schutzausrüstung gegen Absturz – Falldämpfer
DIN EN 358	Persönliche Schutzausrüstung für Haltefunktionen und zur Verhinderung von Abstürzen – Haltegurte und Verbindungsmittel für Haltegurte
DIN EN 361	Persönliche Schutzausrüstung gegen Absturz – Auffanggurte
DIN EN 388	Schutzhandschuhe gegen mechanische Risiken
DIN EN 362	Persönliche Schutzausrüstung gegen Absturz – Verbindungselemente
DIN EN 795	Persönliche Absturzschutzausrüstung – Anschlageinrichtungen
DIN EN 813	Persönliche Absturzschutzausrüstung – Sitzgurte
DIN EN 892	Bergsteigerausrüstung – Dynamische Bergseile – Sicherheitstechnische Anforderungen und Prüfverfahren
DIN EN 1498	Persönliche Absturzschutzausrüstungen – Rettungsschlaufen
EN 12275	Bergsteigerausrüstung – Karabiner – Sicherheitstechnische Anforderungen und Prüfverfahren

1.3 Gefährdungsermittlung

Die „Regeln für den Einsatz von persönlichen Schutzausrüstungen gegen Absturz“ (DGUV Regel 112–198) schreibt vor, dass durch den Unternehmer eine Gefährdungsermittlung durchgeführt werden muss (Kap. 4 „Gefährdungsermittlung“). Der Unternehmer im Sinne der UVV Feuerwehren ist die jeweilige Gemeinde. In dieser Angelegenheit wird die Gemeinde durch den Leiter der Feuerwehr vertreten.

Nach den Maßgaben der DGUV Regel 112–198 hat der verantwortliche Leiter der Feuerwehr einer Gemeinde zur Gefahrenabwehr eine Risikobeurteilung für den Einsatzbereich seiner Organisation durchzuführen.

Beurteilung des Risikos bei Einsatz und Übung

Im Rahmen der Risikobeurteilung hat der Leiter der Feuerwehr das bestehende Risiko, welches von möglichen Einsatzobjekten bzw. denkbar möglichen oder in Zukunft zu erwartenden Einsatztätigkeiten mit Sturzrisiko ausgeht, für seinen Einsatzbereich im Vorfeld zu erkunden und aufzuzeigen. Hierbei ist auch das Risiko im Rahmen von möglichen Unwettereinsätzen mit einzubeziehen.

Die Größe des Risikos berechnet sich dabei aus dem Produkt von Eintrittswahrscheinlichkeit und der schlimmstmöglichen Folgen des eintretenden Risikos und kann in folgender Formel ausgedrückt werden:

Risiko (R) = Wahrscheinlichkeit (W) x Folgen (F)

Daraus ergibt sich beispielsweise für ein Absturzrisiko bei Schneeräumarbeiten auf Dächern eine mittlere Eintrittswahrscheinlichkeit multipliziert mit den schlimmstmöglichen Folgen (Tod der abstürzenden Einsatzkraft) ein sehr hohes Risiko[2]. Diesem Risiko muss durch den Einsatz entsprechender PSA gegen Absturz begegnet werden.

In der DGUV Regel 112-198 heißt es zur Erstellung einer Risikobeurteilung in Kapitel 4 wörtlich:

- „Vor der Auswahl und der Benutzung von persönlichen Schutzausrüstungen gegen Absturz hat der Unternehmer eine Gefährdungsermittlung durchzuführen."
- „Bei der Gefährdungsermittlung sind die Gefährdungen zu ermitteln, die durch technische oder organisatorische Maßnahmen nicht verhindert oder gemindert werden können."
- „Der Unternehmer hat die Eigenschaften festzulegen, die persönliche Schutzausrüstungen gegen Absturz aufweisen müssen, damit sie einen Schutz gegen die genannten Gefahren bieten. Dabei sind die Gefahren, die bei der Benutzung von persön-

[2] Siehe hierzu auch die umfangreichen Schneeräumarbeiten auf einsturzgefährden Dächern infolge hoher Schneelast Anfang des Jahres 2019 im südlichen Oberbayern.

lichen Schutzausrüstungen gegen Absturz entstehen oder von diesen ausgehen können, zu berücksichtigen."

- „Bei Veränderungen der Arbeitsplatzbedingungen hat der Unternehmer seine Ermittlungen zu überprüfen."

Daraus abgeleitet hat der Unternehmer (also der Leiter der Feuerwehr als zuständige Stelle der Gemeinde) im Rahmen der Einsatzplanung die entsprechend erforderliche (genormte) Ausrüstung zu beschaffen und dafür zu sorgen, dass sein Einsatzpersonal die hierfür erforderliche Ausbildung erhält.

Der Leiter der Feuerwehr kann diese Aufgabe an ihm unterstellte Führungsdienstgrade delegieren. Dies können Feuerwehrangehörige mit Zugführer- oder Gruppenführerqualifikation sein, welche beispielsweise aufgrund entsprechender Vorkenntnisse besonders geeignet erscheinen. Alternativ hierzu kann eine Führungskraft beispielsweise im Rahmen einer Ausbildung an einer Landesfeuerwehrschule oder einer anderen geeigneten Institution für dieses Thema sensibilisiert werden und die für die Bewältigung der Aufgabe notwendige Sachkenntnis erlangen.

Hilfestellung bei der Erstellung einer Gefährdungsermittlung gibt der Leitfaden der DGUV zur Erstellung einer Gefährdungsermittlung im Feuerwehrdienst, die bei der DGUV unter der Bezeichnung „DGUV Information 205-021" zu beziehen ist.

Eine solche Gefährdungsermittlung wird auch insbesondere dann erforderlich, wenn mit einer Tätigkeit oder einem Ausrüstungsgegenstand von den Feuerwehrdienstvorschriften, den Regeln (GUV-R) oder den Informationen (GUV-I) der Unfallversicherungsträger abgewichen wird.

Das kann beispielsweise beim Einsatz eines Integrierten Rettungssystems (IRS) in Verbindung mit einer Selbstsicherungsschlinge für die Selbstsicherung in absturzgefährdeten Bereichen anstelle des Feuerwehr-Haltegurtes nach DIN 14927 der Fall sein[3].

---

[3] Siehe hierzu auch das Infoblatt Nr. 04 des Sachgebietes „Feuerwehren und Hilfeleistungsorganisationen" der DGUV – „Haltegurt und andere Haltesysteme in der Feuerwehr" – Stand 05/2014

2 Gerätesatz Absturzsicherung

Der Gerätesatz Absturzsicherung gemäß DIN 14800-17 beinhaltet die vollständige persönliche Schutzausrüstung und alle Hilfsmittel, die von den Feuerwehren zur Sicherung von Einsatzkräften in absturzgefährdeten Bereichen (Auffangen im Falle eines Sturzes der gesicherten Einsatzkraft) sowie zur Rettung (z.B. in Verbindung mit dem Gerätesatz „Auf- und Abseilgerät" nach DIN 14800-16) und zur Sicherung anderer Personen (z.B. in absturzgefährdeten Bereichen) eingesetzt werden können. Allerdings ist der Einsatzbereich des Gerätesatzes Absturzsicherung für den Bereich der Menschenrettung sehr eng begrenzt.

Der Gerätesatz wird in einem Transportsack untergebracht und kann u.a. auf Löschgruppenfahrzeugen, Hilfeleistungs-Löschgruppenfahrzeugen und Rüstwagen mitgeführt werden. Die Norm begrenzt den vorgesehenen Einsatzbereich für den Gerätesatz Absturzsicherung auf eine Höhendifferenz von maximal 30 m (z.B. im Rahmen eines vertikalen Vorstiegs, siehe Kapitel 5.2).

Bestandteile des Gerätesatzes Absturzsicherung

Tab. 2: Gerätesatz Absturzsicherung gemäß DIN 14800-17:2015-11

Anzahl	Bezeichnung
1 Stück	Transportsack, mit Rucksackbegurtung und Schulterpolsterung
1 Stück	Auffang- Halte- und Sitzgurt nach DIN EN 361, DIN EN 358 und DIN EN 813
1 Stück	Kernmantel-Dynamikseil, Länge 60 m, DIN EN 892
15 Stück	Bandschlinge, Länge 800 mm, DIN EN 795
2 Stück	Bandschlinge, Länge ≥ 1.500 mm, DIN EN 795

Abb. 1: Gerätesatz Absturzsicherung nach DIN 14800-17:2015-11 in der Grundform (Bild: Skylotec)

Abb. 2: Gerätesatz Absturzsicherung nach DIN 14800-17:2015-11 mit der optionalen Nahbereichs-Sicherung („Gerüsthaken-Set") (Bild: Skylotec)

Tab. 2: Gerätesatz Absturzsicherung gemäß DIN 14800-17:2015-11 *(Forts.)*

Anzahl	Bezeichnung
15 Stück	Karabinerhaken, mit Verschlusssicherung, DIN EN 362 oder DIN EN 12275
1 Stück	HMS-Karabinerhaken, mit Verschlusssicherung, DIN EN 362 oder nach DIN EN 12275
1 Stück[1)]	Nahbereichs-Sicherung, DIN EN 354 und DIN EN 355
2 Paar	Schutzhandschuhe, Leistungsstufe 1, DIN EN 388
1 Stück[1)]	Rettungsschlaufe Klasse B, mit Schulterriemen, DIN EN 1498
1 Stück	Verbindungsmittel zur Arbeitsplatzpositionierung nach DIN EN 354 oder DIN EN 358 mit einer unter Last einstellbaren Längenverstellvorrichtung, Länge 2 m
[1)] = optional, nur auf Wunsch des Bestellers	

2.1 Auffang-, Sitz- und Haltegurt

Auffang-, Sitz- und Haltgurt

Der Auffang-, Sitz- und Haltegurt gemäß DIN EN 361 (Auffangen), DIN EN 358 (Halten) und DIN EN 813 (Sitzen) ist ein wesentlicher Bestandteil des Gerätesatzes Absturzsicherung. Er sorgt im Falle eines Sturzes der gesicherten Einsatzkraft für eine kontrollierte und verteilte Einleitung der Fangstoßkraft in den menschlichen Körper; dies unter dem Aspekt Begrenzung bzw. Verhinderung körperlicher Schäden für den Betroffenen. Deshalb ist der Auswahl eines geeigneten Auffang-, Sitz- und Haltegurtes für den Gerätesatz Absturzsicherung besondere Aufmerksamkeit zu widmen.

Die in Abb. 3 abgebildeten Auffang- und Sitzgurte weisen jeweils eine frontseitige und eine rückseitige Auffangöse auf, an welcher je nach Einsatzart das Sicherungsseil mit einem Achterknoten oder mit einer alternativen Verbindungsmöglichkeit mit dem Auffanggurt verbunden wird (siehe auch Kapitel 4.2.5 Abschnitt Alternative Verbindungsmöglichkeiten zwischen Kernmantel-Dynamikseil und Auffanggurt). Außerdem sind auf beiden Seiten des Gurtes Halteösen aus Stahl am Beckengurt angebracht. Diese dienen der Positionierung am Einsatzobjekt mittels eines Verbindungsmittels zur Arbeitsplatzpositionierung (DIN EN 354/358).

Die in Abb. 3 dargestellten Gurte entsprechen der Spezifikation nach DIN 14800-17. Im Falle eines Sturzes wird bei diesen Auffanggurten der größte Anteil der Sturzenergie durch die breiten Becken- und Oberschenkelpolster in diese Körperteile eingeleitet.

Abb. 3a-c: Beispiele für Auffang-, Sitz- und Haltegurte nach DIN EN 361, DIN EN 358 und DIN EN 813; alle drei Gurte erfüllen alle drei Normen (Fotos: PETZL/Werft)

Durch die breiten Polster wird dem Entstehen von Verletzungen vorgebeugt. Gleichzeitig wird dadurch jedoch auch ein längeres freies Hängen/Sitzen im Seil infolge eines Sturzes möglich, ohne die Gefahr von gesundheitlichen Folgeschäden durch dieses Hängen befürchten zu müssen. Dadurch bleibt den Einsatzkräften eine ausreichende Zeitreserve, um geeignete Rettungsmaßnahmen für die gestürzte Einsatzkraft einzuleiten.

Wann immer möglich, sollte die frontseitige (sternale) Auffangöse verwendet werden, da sich im Falle eines Sturzes eine günstigere Hängeposition ergibt als bei der Verwendung der rückseitigen Öse. Die rückseitige Öse kann beispielsweise dann verwendet werden, wenn Arbeiten mit Kettensägen oder anderen Schneidgeräten durchzuführen sind. In diesem Fall ist es notwendig, das Sicherungsseil vor Beschädigungen zu schützen und den Arbeitsbereich freizuhalten.

Die Auffang-, Halte- und Sitzgurte in Abb. 3 entsprechen den Normen DIN EN 361, DIN EN 813 und DIN EN 358 und damit den Spezifikationen für den Gerätesatz Absturzsicherung nach DIN 14800-17.

Abb. 4: Krafteinleitung des Fangstoßes in den Körper bei Verwendung eines Auffang-, Halte- und Sitzgurtes.

Dies muss bei der Beschaffung in Betracht gezogen werden. Nur Auffanggurte, die den Anforderungen dieser drei Normen entsprechen, entsprechen auch der Norm DIN 14800-17 für den Gerätesatz Absturzsicherung.

Abb. 5: Beispiel für einen Auffanggurt nach DIN EN 361 (Fotos: PETZL/Werft)

Die in Abb. 5 dargestellten Auffanggurte stellen eine preisgünstigere Alternative zu den in Abb. 3 aufgeführten Modellen dar, da sie eine weniger aufwändige Polsterung und Gurtführung aufweisen. Sie sind prinzipiell für die Anwendung in der Absturzsicherung einsetzbar, entsprechen jedoch nur der DIN EN 361 für Auffanggurte.

Auch diese Gurte weisen oftmals je eine Auffangöse auf der Vorderseite und auf der Rückseite des Gurtes für das Sicherungsseil auf. Die Verwendung der jeweiligen Öse richtet sich nach den bereits beschriebenen Kriterien.

Hierbei ist zu beachten, dass ein Achterknoten die sicherste Verbindung zwischen Sicherungsseil und Auffanggurt darstellt. Dieser wird noch mit einem Spierenstich hintersichert. So wird ein unbeabsichtigtes Lösen des Einbindeknotens infolge fehlerhafter Ausführung sicher vermieden.[4]

[4] Die aktuelle Empfehlung der AGBF „Spezielle Rettung aus Höhen und Tiefen" des AK Ausbildung Bund vom 18.06.2019 empfiehlt, den Achterknoten nicht mehr zu hintersichern.

2.2 Kernmantel-Dynamikseil

Kernmantel-Dynamikseil nach EN 892

Bei den im Rahmen der Absturzsicherung eingesetzten Sicherungsseilen handelt es sich um Kernmantel-Dynamikseile gemäß DIN EN 892, welche ursprünglich aus dem Bereich des Alpinismus stammen. Man unterscheidet Einfachseile, Halbseile und Zwillingsseile. Beim genormten Gerätesatz Absturzsicherung finden grundsätzlich nur Einfachseile Verwendung.

Kernmantel-Dynamikseile werden aus Polyamid gefertigt und bestehen aus einem Seilkern und einem den Kern umschließenden Seilmantel. Der Seilkern übt die eigentliche Tragefunktion aus, der Seilmantel übernimmt die Schutzfunktion für den tragenden Kern und auch einen geringeren Teil der Tragefunktion. Die dynamischen Eigenschaften eines Kernmantel-Dynamikseils werden größtenteils vom Anteil des Seilkernes am gesamten Seildurchmesser, genauer von der Anzahl und dem Durchmesser der Kernfilamente bestimmt. Je größer der Anteil des Seilkernes in Bezug auf den gesamten Seildurchmesser, desto besser die dynamischen Eigenschaften des Seiles.

Andererseits ist auch die Größe des Mantelanteiles bei einem Kernmantel-Dynamikseil für den Feuerwehreinsatz relevant. Da der Seilmantel, wie oben erwähnt, den dynamisch wirkenden („auffangenden“) Seilkern schützt, sollte dieser Seilmantel einen möglichst großen Anteil am Seildurchmesser haben. Das ist insbesondere dann wichtig, wenn das Seil im Falle eines Sturzes der gesicherten Einsatzkraft über eine scharfe Kante geführt (z.B. an einem Blechdach,

Abb. 6: Beispiel für ein Kernmantel-Dynamikseil nach EN 892

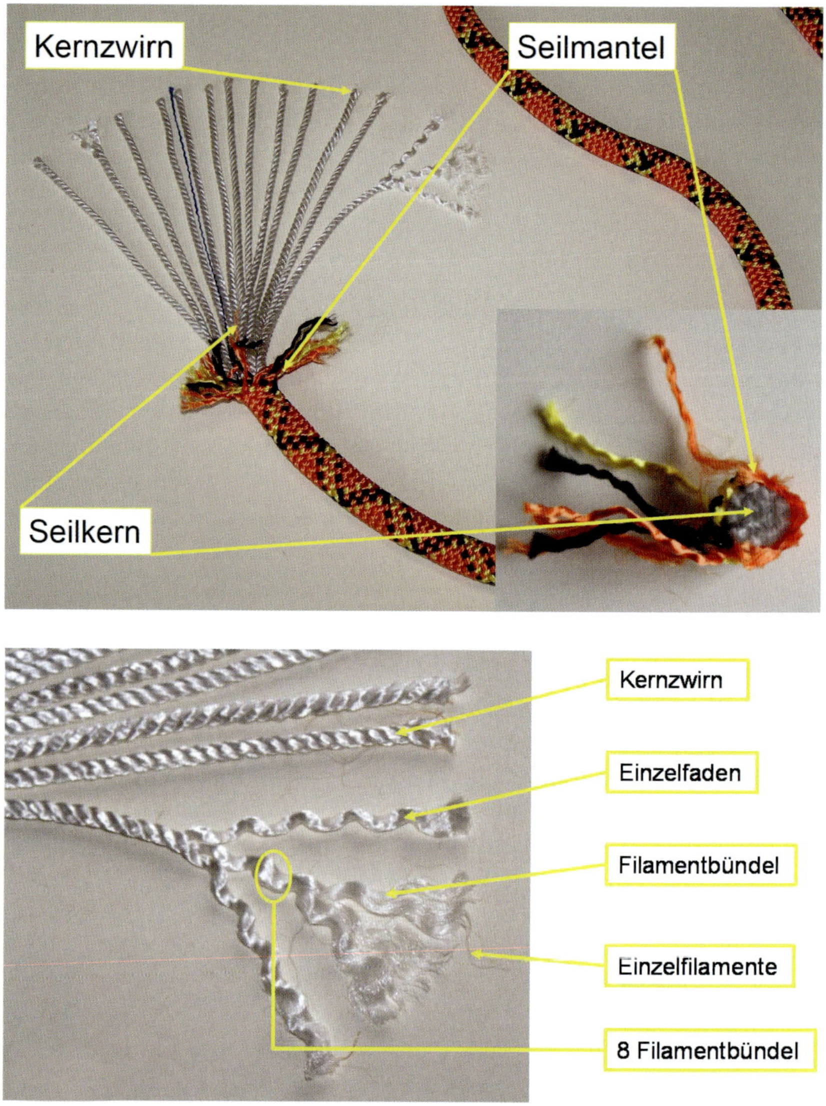

Abb. 7: Aufbau und Bestandteile eines Kernmantel-Dynamikseiles nach EN 892

über ein scharfkantiges Stahlprofil, etc.) und dann über diese Kante mit der Sturzenergie der gestürzten Einsatzkraft belastet wird. Für die im Feuerwehreinsatz im Rahmen der Absturzsicherung eingesetzten Kernmantel-Dynamikseile sollte der Anteil des Seilmantels zwischen 35 % und 40 % liegen. Dadurch wird ein größtmöglicher

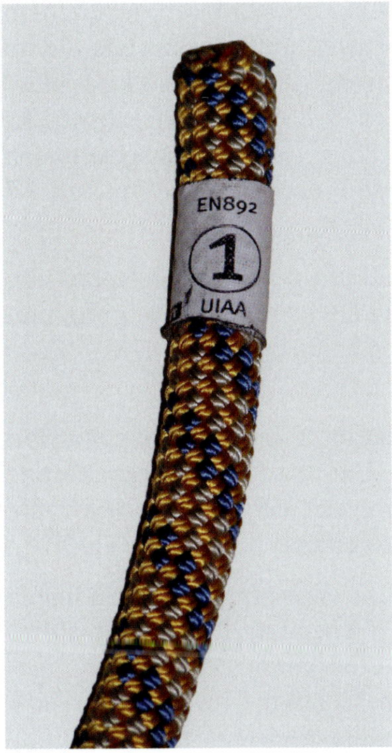

Abb. 8: Kennzeichnung eines Kernmantel-Dynamikseils nach EN 892 (Ziffer „1“ steht für Einfachseil)

Schutz des Seilkernes gegen Durchtrennung bei einer Scharfkantenbelastung erreicht.[5]

Technische Leistungsdaten von Kernmantel-Dynamikseilen

Neue Kernmantel-Dynamikseile für den Einsatz bei der Feuerwehr im Bereich der Absturzsicherung weisen eine statische Dehnung von maximal 10 % der Gesamtseillänge auf. Unter statischer Dehnung versteht man die Dehnung des Seils bei einer statischen Belastung mit einer Masse von 80 kg.

Die dynamische Dehnung eines Dynamikseiles liegt weit höher als dieser Wert und darf nach EN-Norm 40 % nicht überschreiten.

Unter Reißdehnung versteht man die maximale Dehnung eines Dynamikseiles bei Sturzbelastung, bei der das Seil reißen würde. Dieser Wert wird allerdings bei einem realen Sturz nicht erreicht.

Die Bruchlast (Reißfestigkeit) der gebräuchlichen Kernmantel-Dynamikseile beträgt mindestens 22 kN. Die meisten der heute erhältlichen Kernmantel- Dynamikseile verfügen über eine Bruchlast zwischen 26 kN und 34 kN.

Folgende Anforderungen muss ein Kernmantel-Dynamikseil gemäß DIN EN 892 für die Verwendung im Gerätesatz Absturzsicherung erfüllen:

- Seildurchmesser: mindestens 10,5 mm
- Seillänge: 60 m
- Fangstoß: < 10 kN (abweichend von DIN EN 892)
- Sturzfestigkeit: ≥ 10 Normstürze (abweichend von DIN EN 982)

[5] Siehe hierzu auch Seilfibel_dynamisch_2015_DE_ANSICHT der Firma Edelrid

Kernmantel-Dynamikseile nach DIN EN 892 werden einem Sturztest, dem sogenannten „Normsturz“ unterzogen. Bei einem Normsturz wird das Seil im Einzelstrang mit einem 80 kg schweren Gewicht (Einfachseil) im Sturz belastet. Dabei absolviert dieses Gewicht eine Fallhöhe von 4,80 m bei einer ausgegebenen Seillänge von insgesamt 2,80 m, was einem Sturzfaktor von 1,7 entspricht.

Bei diesem Vorgang wird das Seil 30 cm nach dem Festpunktanschlag über einen Karabiner mit einem Kantenradius von 5 mm umgelenkt, was dem Umlenkradius eines handelsüblichen HMS-Karabiners entspricht.

Die Sturzprüfung wird so lange fortgesetzt, bis das Seil reißt. Für Kernmantel-Dynamikseile für den Gerätesatz Absturzsicherung nach DIN 14800-17 ist abweichend von der EN 982 eine Sturzzahl von $\geq$ 10 Normstürzen ohne Seilriss gefordert.

Das Kernmantel-Dynamikseil sollte im Transportsack unten liegen und so eingelegt werden, dass es im Einsatzfall ohne Verschlingungen und Verknotungen frei ablaufen kann. Das zuerst eingelegte Ende des Seils wird mit einem Mastwurf im Transportsack befestigt, dann wird das Seil gleichmäßig eingelegt. Das freie Ende wird mit einem einfachen Achterknoten eingebunden und obenauf gelegt.

Schutz des Seiles gegen Einwirkung von Chemikalien

Elementar wichtig ist der Schutz des Textilmaterials von Kernmantel-Dynamikseilen, Gurten und Bandschlingenmaterial vor der Einwirkung von Chemikalien, insbesondere vor dem Einfluss von Säuren und Laugen. So führt die Einwirkung von Säure (z.B. Schwefelsäure/Batteriesäure) zu einer Schädigung bzw. Zerstörung des Polyamidmaterials, wodurch die Reißfestigkeit des betroffenen Ausrüstungsgegenstandes erheblich reduziert werden kann!

Bei erfolgter Kontamination und auch bei konkretem Verdacht auf eine mögliche Kontamination mit Säuren oder Laugen muss das betreffende Seil ausgesondert werden. Eine weitere Verwendung wäre grob fahrlässig und lebensgefährlich! Dieser Grundsatz gilt sinngemäß auch für Auffanggurte, Bandschlingen, Nahbereichssicherungen sowie Verbindungsmittel zur Arbeitsplatzpositionierung.

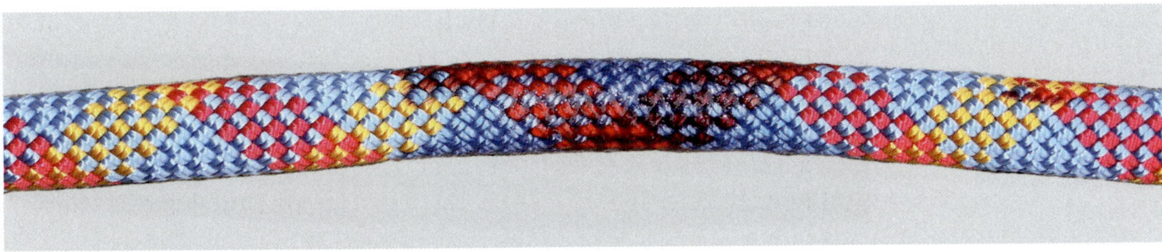

Abb. 9: Beispiel für die Kontamination eines Kernmantelseiles durch konzentrierte Schwefelsäure. Der Schaden ist nur schwer zu erkennen

Achtung: Durch die Einwirkung von Säuren und Laugen wird das Textilmaterial brüchig und verliert drastisch an Festigkeit. Die Bruchfestigkeit kann nach der Einwirkung dieser Chemikalien gegen Null tendieren. Das Tückische dabei ist, dass dem Material diese Schädigung bei einer Sichtprüfung äußerlich nicht zwangsläufig anzusehen ist, da durch die chemische Einwirkung dieser Stoffe oftmals keine Verfärbung bewirkt wird, welche durch eine Sichtprüfung feststellbar wäre.

2.3 Bandschlingen

Bandschlingen gemäß DIN EN 354 und DIN EN 795 dienen als universelles Anschlagmittel und der Herstellung von Festpunkten und Anschlagpunkten sowie als Zwischensicherungen und zur Herstellung einer Standplatzsicherung (Selbstsicherung).

Bandschlingen werden als Flach- oder Schlauchmaterial aus Polyamid gefertigt und weisen wie sämtliche Bestandteile der Siche-

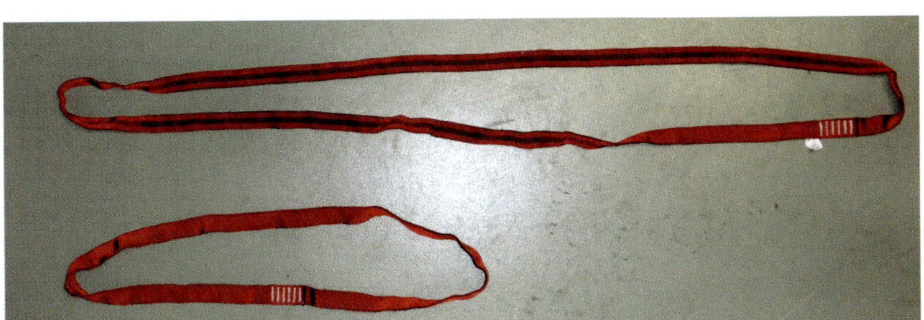

Abb. 10: Beispiel für Bandschlingen

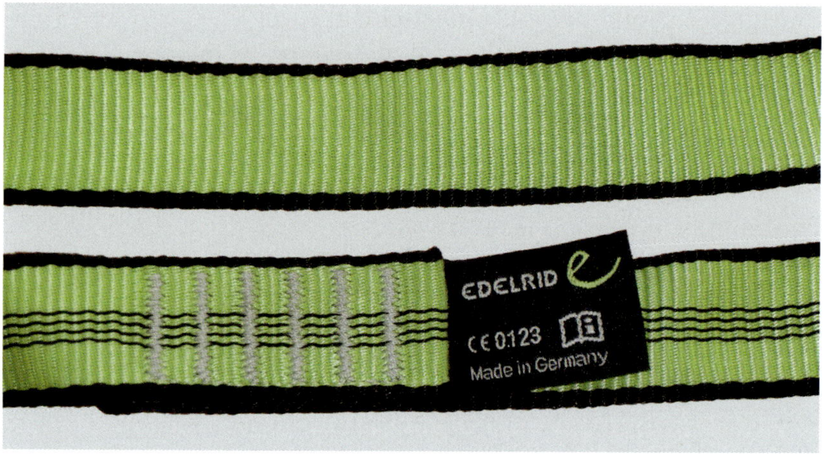

Abb. 11: Bandschlinge aus Schlauchmaterial mit Kennzeichnung

rungskette eine Bruchfestigkeit von mindestens 22 kN einfach in Längsrichtung auf. Schlauchartig geflochtene Bandschlingen und Bandschlingen aus Dyneema® für Spezialanwendungen übertreffen diese Bruchlast teilweise erheblich.

Der Vorteil von Bandschlingen aus Dyneema® liegt in deren hoher Bruchlast, weshalb bei vergleichbarer Bruchlast dadurch dünnere Bandschlingen im Vergleich zu solchen aus Polyamid realisiert werden können.

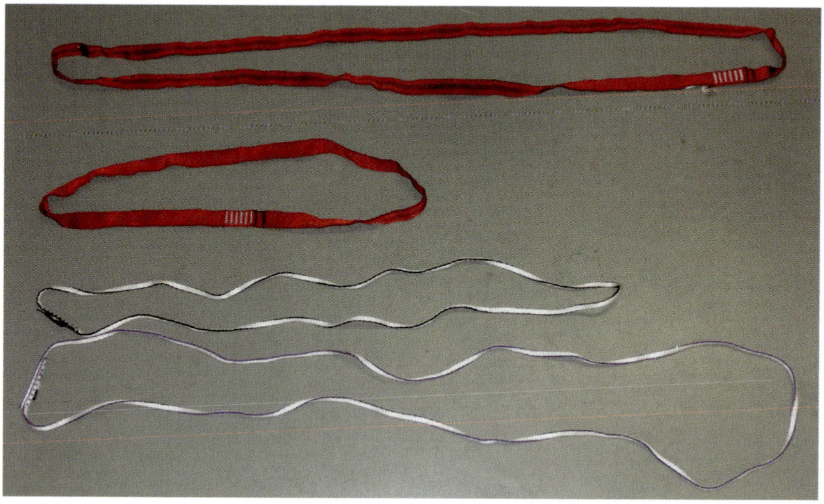

Abb. 12: Vergleich Bandschlingen aus Polyamid (oben) und aus Dyneema® (unten)

Eine gute Alternative stellen Bandschlingen aus Polyamid-Schlauchmaterial dar. Diese liegen durch ihre Schlauchform doppellagig um den Anschlagpunkt (z.B. scharfkantiger Stahlwinkel eines Treppengeländers) und können sich durch Verformung der Oberfläche des Anschlagpunktes besser anpassen. Durch die Schlauchform liegen bei dieser Bandschlingenkonstruktion auch praktisch zwei Lagen der Polyamid-Schlinge aufeinander. Wird die untere Lage des Schlauchbandes durch eine scharfe Kante beschädigt, liegt darauf noch die zweite intakte Lage der Bandschlinge auf. Dadurch entsteht im Einsatz eine höhere Sicherheit.

Die Längen der Bandschlingen des Gerätesatzes Absturzsicherung betragen 800 mm (für Zwischensicherungen) und ≥ 1.500 mm (für Verbindungs- und Anschlagmittel).

Einsatz der Bandschlingen

Bandschlingen können um einen Festpunkt (Anschlagpunkt) einfach mit Ankerstich oder doppelt angeschlagen werden. Bei scharfkantigen Festpunkten (z.B. Stahlwinkel an Gittermasten) kann die Festigkeit einer Bandschlinge durch mehrmaliges Umschlingen des Festpunktes erhöht werden.

Abb. 13: **Beispiele für die Tragfähigkeit von Bandschlingen in Abhängigkeit der gewählten Anschlagvariante. Links doppelter Anschlag > 2-fache Tragkraft (ca. 44 kN), Mitte Ankerstich in Zugrichtung > 2/3 der Tragkraft (ca. 16kN), rechts Ankerstich in Gegenzugrichtung > 1/3 der Tragkraft (ca. 8 kN)**

Abb. 14: Mehrmaliges Umschlingen eines Doppel-T-Stahlträgers beim Vorgehen innerhalb eines Hochregals

Darüber hinaus ist gegebenenfalls Material für den Kantenschutz zu verwenden, mit welchem der Gerätesatz Absturzsicherung am Standort ergänzt werden sollte. Als Kantenschutz für Bandschlingen können beispielsweise ausgesonderte D-Schläuche verwendet werden, die entsprechend gekürzt über die Bandschlingen geschoben werden. Es können auch auf Löschfahrzeugen mitgeführte Patientendecken aus Textilgewebe als behelfsmäßiger Kantenschutz verwendet werden.

Durch mehrfache Umschlingung von scharfkantigen Stahlprofilen durch die Bandschlinge lässt sich eine Stabilitätserhöhung (Erhöhung des Kantenarbeitsvermögens) erzielen. Ferner erfolgt hierbei gleichzeitig eine Verkürzung der Sturzstrecke im Falle eines Sturzes in das Sicherungsseil.

Abb. 15: Ausgesonderter und entsprechend zurechtgeschnittener D-Schlauch als Kantenschutz für Bandschlingen

2.4 Karabinerhaken

Karabinerhaken mit Verschlusssicherung gemäß DIN EN 362 bzw. EN 12275 werden im Rahmen der Absturzsicherung als Verbindungsmittel oder in Kombination mit Bandschlingen als Zwischensicherungen bei den Sicherungsvarianten vertikaler und horizontaler gesicherter Vorstieg in absturzgefährdeten Bereichen verwendet.

Der selbstschließende Schnappverschluss des Karabinerhakens ist durch eine Schraubhülse, eine automatisch verschließende Drehhülse oder mit einer automatisch verschließenden verschieb- und drehbaren Verschlusshülse gesichert. Die Karabinerhaken bestehen meist aus Aluminium und haben eine Bruchlast (in Längsrichtung bei geschlossenem und verriegeltem Verschluss) von mindestens 22 kN.

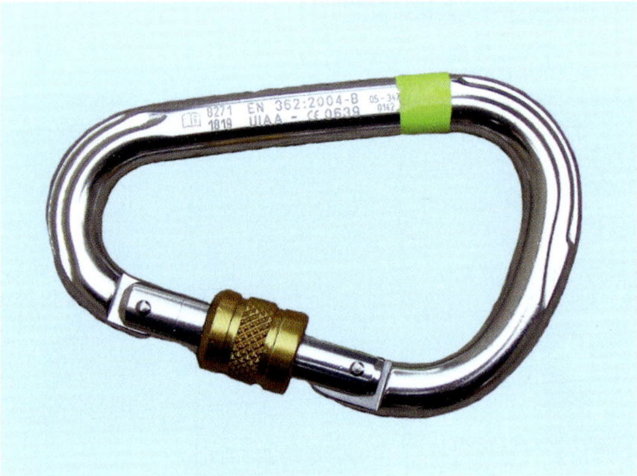

Abb. 16: Karabinerhaken mit Schraubverschluss

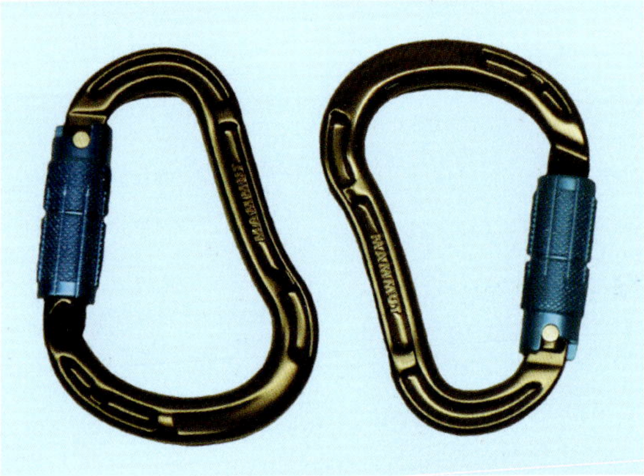

Abb. 17: HMS-Karabinerhaken mit Dreiwegeverschluss

Karabiner in der Absturzsicherung

■ HMS-Karabinerhaken

Von besonderer Bedeutung für die Absturzsicherung ist der HMS-Karabinerhaken, als Redundanzkarabinerhaken bzw. Dreiwegeverschluss-Karabinerhaken (oft auch als „Trilock"-Karabiner bezeichnet) ausgeführt. Für die Verwendung der Halbmastwurfsicherung in der Sicherungskette muss ein HMS-Karabinerhaken verwendet werden.

Würde ein Karabinerhaken nur mit Schraubverschluss verwendet, könnte es durch den Seildurchlauf des Halbmastwurfes bei ungünstigem Seilverlauf zum Öffnen der Schraubhülse des Karabinerhakens kommen.

Ein Lastwechsel und eine nachfolgende Belastung des Schnappers in Öffnungsrichtung könnten dann zum Aushängen des Seiles aus dem Karabinerhaken führen, was zu einem Versagen der Halbmastwurfsicherung führen würde.

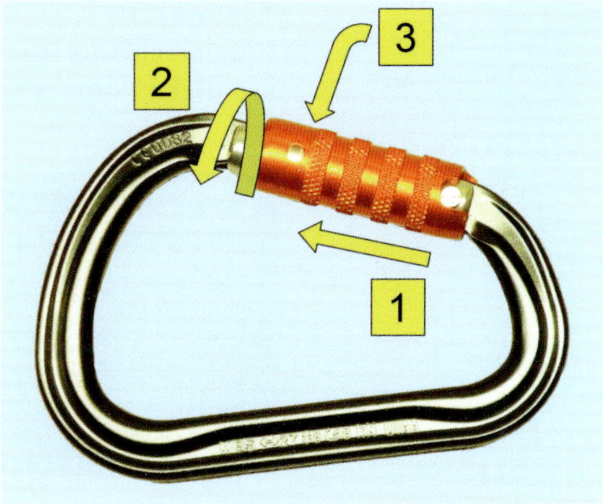

Abb. 18: HMS-Karabinerhaken mit drei voneinander unabhängigen Bewegungen zum Öffnen des Schnappers

Bei Verwendung des HMS-Karabinerhakens mit Dreiwegeverschluss (z.B. Trilock) besteht diese Gefahr jedoch nicht, da zum Öffnen seines Schnappers mindestens drei voneinander unabhängige Bewegungsabläufe nötig sind. Dies sind die Bewegungen Schieben und Drehen der Sicherungshülse und Einklappen des Schnappverschlusses. Da beim Seildurchlauf durch den Karabinerhaken das gleichzeitige Auftreten dieser drei Bewegungsabläufe unwahrscheinlich ist, besteht folglich nicht die Gefahr des Seilaushängens aus dem HMS-Karabinerhaken und somit auch nicht der Auflösung der Halbmastwurfsicherung.

Ein weiterer Gesichtspunkt ist die automatische Verriegelung des HMS-Karabinerhakens beim Loslassen der automatisch schließenden federbelasteten Drehhülse. Somit werden nicht verriegelte Schnappverschlüsse durch Unachtsamkeit oder infolge von Stress vermieden.

Abb. 19: Mögliche Knickbelastung eines Gerüsthakenkarabiners als Bestandteil der Nahbereichssicherung im Falle eines Sturzes. Der Karabiner muss eine hohe Knickfestigkeit aufweisen, damit sich die Karabinerklinke nicht öffnet, in diesem Fall durch Ausführung in Stahl

Beim Einsatz der Karabinerhaken ist zu beachten, dass deren Konstruktion vor allem auf eine Zugbelastung in Längsrichtung ausgelegt ist. Seitliche Biege- bzw. Knickbelastungen können, besonders bei Karabinerhaken aus Aluminium, zu einem Materialbruch des belasteten Karabinerhakens schon bei vergleichsweise geringen Kräften führen und sind deshalb unbedingt zu vermeiden. Gegebenenfalls sind Karabinerhaken aus Stahl zu verwenden, die eine höhere Knickfestigkeit aufweisen.

Gefahr bei Knickbelastungen von Karabinern

Aluminium-Karabiner dürfen niemals einer Knickbelastung in Längsrichtung über eine Kante ausgesetzt werden, die schlimmstmögliche Folge wäre ein Bruch des Karabiners!

Sind im Einsatz seitliche Biegebelastungen und Knickbelastungen nicht auszuschließen, so sind Stahlkarabiner zu verwenden. Diese halten einer Knickbelastung besser stand. Stahlkarabiner weisen mit Bruchlasten in Längsrichtung von bis zu 33 kN eine höhere Knickfestigkeit auf.

2.5 Verbindungsmittel zur Arbeitsplatzpositionierung

In die aktuelle Version der DIN 14800-17:2015-11 wurde ein Verbindungsmittel zur Arbeitsplatzpositionierung nach DIN EN 354 oder DIN EN 358 mit einer unter Last einstellbaren Längeneinstellvorrichtung aufgenommen. Dieses stufenlos verstellbare Verbindungsmittel soll nach Norm eine maximale Länge von 2,00 m haben und besteht aus folgenden Bestandteilen:

- Abschnitt eines Kernmantelseiles mit Endknoten an einem Seilende
- Verstellbarer Seilkürzer mit Schraubkarabiner (z.B. in Form eines mitlaufenden Sicherungsgerätes)
- Eingenähter Einhandkarabiner an einem Seilende

Eine mögliche Anwendung kann beispielsweise die Fixierung (Standplatzsicherung) an einem Festpunkt beim Legen einer Zwischensicherung im Rahmen des gesicherten Vorstieges sein, um beide Hände für das Legen der Bandschlinge der Zwischensicherung und das Einlegen des Seiles in die Zwischensicherung frei zu haben. Für diesen Zweck wird das Seilende mit dem Karabiner in eine der beiden Positionierungsösen (seitliche Stahlösen) am Beckengurt des Auffanggurtes eingehakt, in die andere Öse der Karabiner des Seilkürzers (z.B. in Form eines Abseilgerätes oder einer Seilklemme).

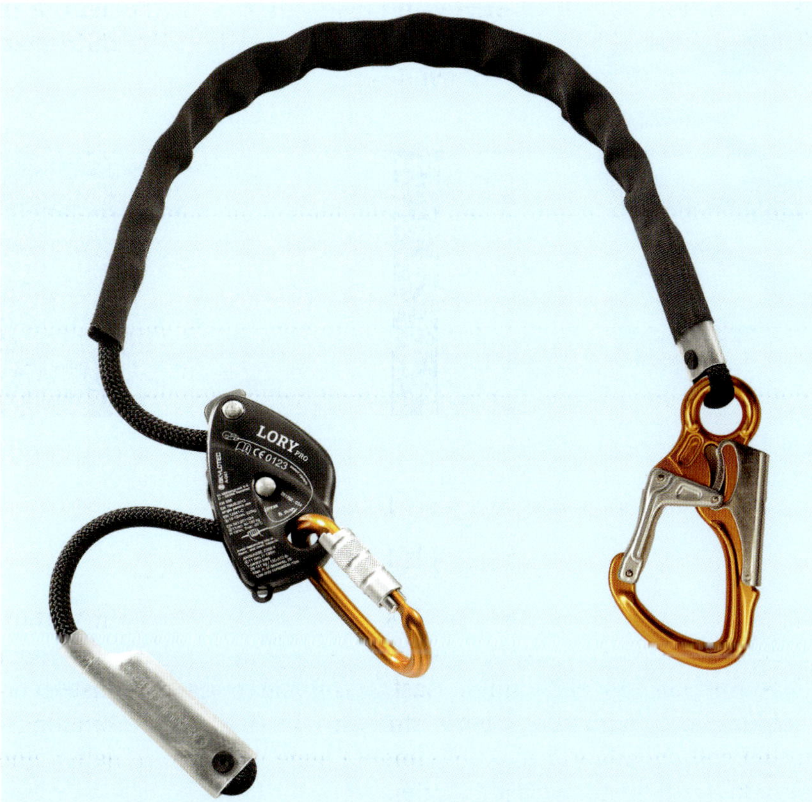

Abb. 20: Beispiel für ein Verbindungsmittel zur Arbeitsplatz-Positionierung nach DIN EN 358 (Foto: Skylotec)

Ein weiterer Anwendungsfall ist beispielsweise der Aufbau einer Positionierung bzw. einer Standplatzsicherung nach durchgeführtem vertikalem/horizontalem Vorstieg und Erreichen des Arbeitsbereiches, z.B. auf einem Satteldach.

2.6 Nahbereichssicherung (optionaler Bestandteil)

Nahbereichssicherung als sinnvolle Ergänzung des Gerätesatzes

Die Nahbereichssicherung ist optionaler Bestandteil des genormten Gerätesatzes Absturzsicherung und besteht aus folgenden Bestandteilen:

- einem Verbindungsmittel gemäß DIN EN 354 mit eingearbeitetem Falldämpfer gemäß DIN EN 355 (so genannte Y-Schlinge),

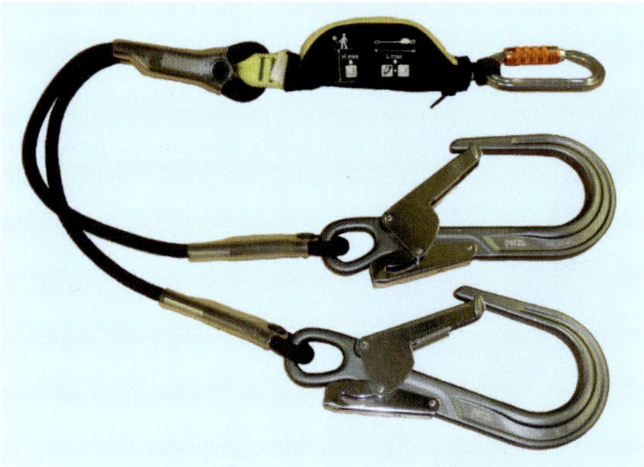

Abb. 21: Beispiel für eine Nahbereichssicherung nach DIN EN 354 mit eingearbeitetem Falldämpfer nach DIN EN 355

- zwei großen Anschlagkarabinern (z.B. Rohrhakenkarabiner oder Gerüsthakenkarabiner) und
- einem Karabinerhaken mit Verschlusssicherung am Falldämpfer.

Die Nahbereichssicherung bietet im Bereich der Absturzsicherung im Feuerwehreinsatz einige sinnvolle Einsatzmöglichkeiten, hat aber auch eng gesteckte Einsatzgrenzen. Sie kann einerseits für die Selbstsicherung einer senkrecht vorsteigenden Einsatzkraft, z.B. auf einer Steigleiter, eingesetzt werden. Eine weitere Einsatzmöglichkeit ist die Selbstsicherung einer auf einem Dach (z.B. Satteldach) vorgehenden Einsatzkraft in Verbindung mit einem fix auf dem Dach installierten Geländerseil.

Achtung: Wird die Nahbereichssicherung als Absturzsicherung beim waagerechten Vorstieg auf einer Konstruktion mit freiem Sturzraum unterhalb der Einsatzkraft eingesetzt, muss ein geeignetes und funktionierendes Rettungskonzept (setzt die entsprechende Ausrüstung, Vorgehensweise und Ausbildung voraus) bestehen. Damit muss sichergestellt werden, dass die gesicherte Einsatzkraft im Falle eines Sturzes in den Bandfalldämpfer schnell aus der Hängeposition gerettet werden kann. Wenn die gestürzte Einsatzkraft frei hängt, kann sie sich nicht selbst aus dieser Hängeposition retten.

Durch den Y-Aufbau ist ein wechselseitiges Einhängen der beiden Anschlagkarabiner möglich, so dass immer mindestens ein Karabinerhaken Verbindung mit dem jeweiligen Festpunkt hat. Das Einhängen des Gerüsthaken vollzieht sich „überschlagend", d.h. wenn ein Haken auf Hüfthöhe hängt, wird dieser wieder weiter oben eimgehängt. Keinesfalls darf der untere Haken überstiegen werden. Er darf sich maximal auf Beckenhöhe befinden, nicht tiefer.

Abb. 22: Sicherung auf Steigleiter mit Nahbereichssicherung. Wechselseitiges Einhängen der Karabinerhaken an der Laufschiene der Steigleiter

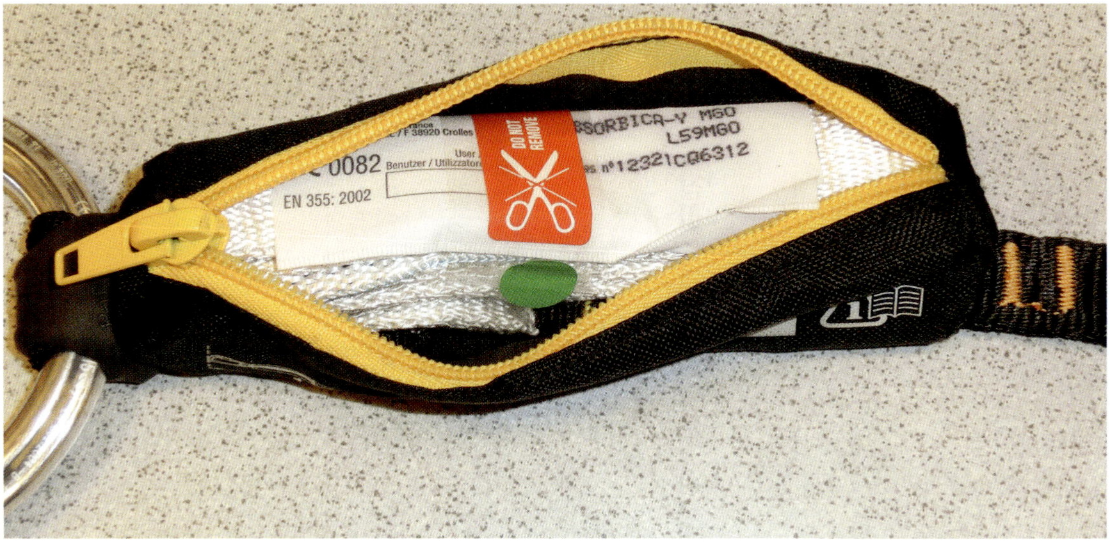

Abb. 23: Neuer und einsatzbereiter Bandfalldämpfer in Schutzhülle. Durch den Reißverschluss in der Schutzhülle kann der Falldämpfer geprüft werden

Die Y-Schlinge ist aus Seil- oder Bandschlingenmaterial gefertigt. Damit weist sie in Verbindung mit dem entsprechenden Karabinerhaken eine Bruchfestigkeit von 22 kN auf. Kombiniert werden Y-Schlingen mit einem Falldämpfer, so dass ein Sicherungselement entsteht, mit welchem der gesicherte Vorstieg auch ohne Sicherungsseil möglich wird. Man unterscheidet Bandfalldämpfer und Seilfalldämpfer. Im Bereich der Absturzsicherung wird vorwiegend mit dem System des Bandfalldämpfers gearbeitet. Beim Bandfalldämpfer handelt es sich um Bandschlingenmaterial mit hoher Bruchfestigkeit, welches mit Polyamidgarnen zu einem kompakten Faltenpaket zusammengenäht ist. Kommt es zu einem Sturz, reißen diese Garnfäden bei genau (abgegrenzten) vordefinierten Kräften kontrolliert auf. Dies führt zu einer verzögerten Entfaltung des Faltenpaketes und in Verbindung mit einer Sturzstreckenverlängerung um insgesamt maximal 1,75 m zum Abbau von Sturzenergie und dadurch letztendlich zu einer Verringerung der auf den Körper einwirkenden Sturzenergie am Ende der Sturzstrecke (Fangstoß).

Folgendes Rechenbeispiel verdeutlicht den genannten Überschlagswert:

- Sicherheitsabstand zwischen Anseilpunkt im Auffanggurt und Füßen der gesicherten Einsatzkraft = 1,50 m

- Länge der beiden Seile der Y-Schlinge 1,50 m + Karabinerhaken + Länge des Falldämpfers = 2,00 m
- Aufreißlänge des Bandfalldämpfers = 1,75 m
- Daraus folgt: 1,50 m + 2,00 m + 1,75 m = 5,25 m ≈ **5,50 m**

Es ist zu beachten, dass das Aufreißen und die dadurch bedingte Entfaltung des vernähten Bandschlingenmaterials zu einer Sturzstreckenverlängerung führt. Daher muss unterhalb des Bewegungsraumes ausreichend Sturzraum zur Verfügung stehen, um nicht am Boden aufzuschlagen bzw. anzuprallen. Hierbei ist für den benötigten Sturzraum ein Überschlagswert von 5,50 m anzusetzen.

Erforderlicher Sturzfreiraum im Einsatzfall

Dabei ist die Länge des aufgerissenen Bandfalldämpfersegmentes vom Gewicht der gesicherten Einsatzkraft und der Sturzhöhe abhängig.

Die Anschlagkarabiner werden sowohl aus Aluminium als auch aus Stahl gefertigt.

Die Anschlagkarabiner weisen eine Verschlusssicherung in Form einer Handballensicherung auf, bei dem zur Schnapperöffnung zwei

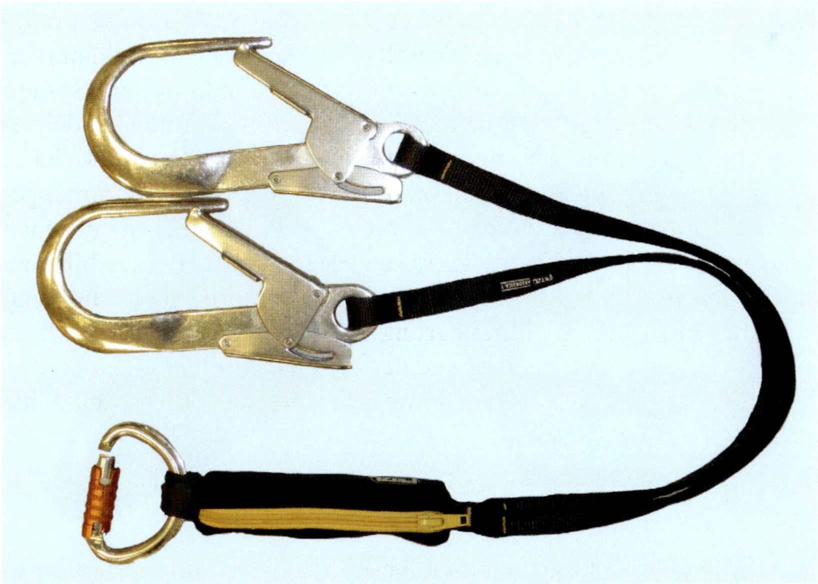

Abb. 24: Beispiel für Anschlagkarabiner einer Nahbereichssicherung

voneinander unabhängige Bewegungen (Eindrücken der Handballensicherung und Öffnen des Schnappers) auszuführen sind. Bei Loslassen des Schnappers schließt sich dieser durch Federbelastung selbständig und stellt damit sicher, dass der Schnapper stets vollständig geschlossen ist.

Der abgebildete Anschlagkarabiner weist eine Öffnungsweite von 60 mm auf. Damit ist es möglich, den Karabiner im Rahmen des gesicherten Vorstiegs an Stahlprofilen von Gittermasten, Aufstiegsleitern, u. Ä. einzusetzen.

Rettungsschlaufe als optionaler Bestandteil

2.7 Rettungsschlaufe (optionaler Bestandteil)

Die Rettungsschlaufe Klasse B gemäß DIN EN 1498 (Rettungsdreieck mit Schulterriemen) kann beispielsweise zur Sicherung von absturzgefährdeten Personen eingesetzt werden, die damit an ihrem Standplatz gesichert werden können (Standplatzsicherung). Sie besteht aus stabilem und abriebfestem Planenstoff und ist mit Schulterriemen versehen, um die Person sicher darin zu fixieren und ein Herauskippen von bewusstlosen Personen zu verhindern.

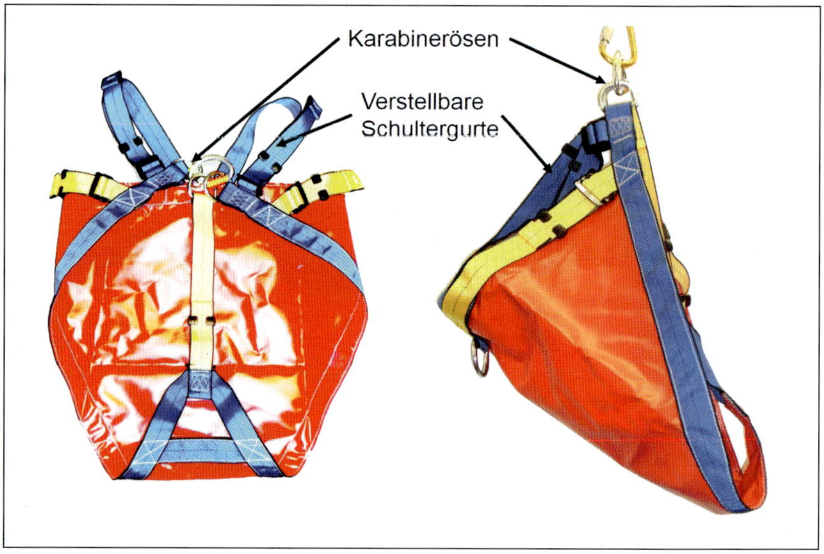

Abb. 25: Beispiel für eine Rettungsschlaufe nach EN 1498 Klasse B (sog. Rettungsdreieck)

Die drei Ecken der Rettungsschlaufe werden an den Metall- bzw. Textilösen durch einen Karabinerhaken mit Verschlusssicherung verbunden.

In Verbindung mit einem Gerätesatz Auf- u. Abseilgerät kann das Rettungsdreieck für die Einfache Rettung aus Höhen oder Tiefen eingesetzt werden. Dabei bildet dann das Kernmantel-Dynamikseil des Gerätesatzes Absturzsicherung das Sicherungsseil (Redundanzseil).

Die meisten am Markt verfügbaren Rettungsschlaufen sind durch verstellbare Gurte in ihrer Größe variabel und somit auf die benötigte Größe einstellbar.

Achtung: Die Rettungsschlaufe Klasse B gemäß DIN EN 1498 ist nicht für eine Sturzbelastung ausgelegt! Aus diesem Grund ist darauf zu achten, dass der Sturz einer zu rettenden/sichernden Person in die Rettungsschlaufe sicher ausgeschlossen wird.

2.8 Transportsack

Die Ausrüstungsbestandteile des Gerätesatzes Absturzsicherung werden in einem speziellen Transportsack aufbewahrt, transportiert und zum Einsatz gebracht. Dieser sollte aus wasserdichtem und reißfestem Material bestehen, so dass die Bestandteile trocken und sicher untergebracht sind.

Die Größe des Transportsacks sollte ein Volumen von 45 Liter nicht unterschreiten. Ferner sollte er aus einsatztaktischen Gründen über eine Rucksackbegurtung mit Schulterpolsterung verfügen.

Als Alternative werden auf dem Markt auch speziell auf den Einsatzbereich der Absturzsicherung abgestimmte Rucksäcke angeboten, welche teilweise den Ausführungen von Bergwanderrucksäcken ähneln.

Rucksack als Lager- und Transportmittel

Im Transportsack ist eine Benutzerinformation gemäß DIN EN 365 mitzuführen. Diese muss folgende Informationen und Sicherheitshinweise beinhalten:

- Hinweis, dass ein geplantes freies Hängen der Einsatzkräfte im Seil auszuschließen ist,

- Hinweis auf die Überprüfung der Austauschbarkeit der Ausrüstungsbestandteile,
- Hinweis auf die Durchführung der Sicht- und Funktionsprüfung,
- Information über die mögliche Eignung in Kombination mit zusätzlichen Ausrüstungen,
- Hinweis, dass der Gerätesatz nur von in seiner Verwendung theoretisch und praktisch unterwiesenen Personen benutzt werden darf.

2.9 Sicherung der Einsatzbereitschaft

Um eine ständige und sichere Einsatzbereitschaft des Gerätesatzes Absturzsicherung zu gewährleisten, ist es notwendig, auf eine richtige Lagerung der Ausrüstung zu achten und regelmäßige Sicht- und Funktionsprüfungen durchzuführen. Nur so kann gewährleistet werden, dass auf die Ausrüstung im Einsatzfall ausnahmslos Verlass ist.

Lagerung und Prüfung des Gerätesatzes

2.9.1 Lagerung

Bei der Lagerung des Gerätesatzes Absturzsicherung ist darauf zu achten, dass die Ausrüstung trocken und möglichst gleichbleibend in einem Temperaturbereich zwischen 10 °C und 20 °C gelagert wird. Dies ist insbesondere für die textilen Bestandteile des Gerätesatzes wie Gurte, Seile und Bandschlingen von Bedeutung.

Der komplette Gerätesatz wird hierzu in einem Transportsack im Feuerwehrfahrzeug gelagert. Hierfür sind der Fahrzeuginnenraum (Mannschaftsraum), die Geräteräume sowie ersatzweise auch die Dachkästen geeignet.

Waren Seile, Gurte oder Bandschlingen Feuchtigkeit oder Nässe ausgesetzt, so sind sie schonend zu trocknen. Hierfür hängt man die betroffene Ausrüstung an einem gut belüfteten schattigen Ort mit mittlerer Temperatur (ca. 20 °C) großflächig auf und lässt sie unter guter Durchlüftung langsam trocknen.

Keinesfalls dürfen die textilen Ausrüstungsgegenstände auf Heizkörpern getrocknet oder in der Sonne zum Trocknen aufgehängt oder ausgebreitet werden! Die hohen Temperaturen der Heizung sowie die UV-Strahlung der Sonne schaden dem Material und lassen es schneller altern.

Außerdem ist darauf zu achten, dass Seile, Gurte und Bandschlingen vor der Einwirkung von Chemikalien geschützt werden. Hierbei ist insbesondere der Einfluss von Säuren (Batteriesäure!) und Laugen zu vermeiden, da diese Chemikalien für das Textilmaterial eine erhebliche Gefährdung darstellen.

Durch die Einwirkung von Säuren und Laugen wird das Textilmaterial brüchig und verliert deutlich an Festigkeit. Die Bruchfestigkeit geht nach der Einwirkung dieser Chemikalien fast vollständig verloren. Das Tückische hierbei ist, dass bei einer Sichtprüfung dem Material äußerlich u. U. nichts anzusehen ist, da durch die Einwirkung dieser Stoffe nahezu keine Verfärbung bewirkt wird, welche durch eine Sichtprüfung feststellbar wäre.

Die Einwirkung von Ölen und Fetten auf das Textilmaterial von Seilen, Bandschlingen und Gurten beeinflusst die Festigkeit des Materials in geringerem Umfang. Hierbei steht insbesondere der Reibungsverlust durch die aufgebrachten Fette bzw. Öle im Vordergrund, welche beim Seildurchlauf im Karabinerhaken auftreten können.

2.9.2 Prüfung

Nach jedem Einsatz bzw. jeder Übung muss eine Sichtprüfung sowie mindestens einmal jährlich eine Sicht- und Funktionsprüfung durch einen Sachkundigen durchgeführt werden. Diese sachkundige Person muss hierfür einen Lehrgang für Sachkundige zur Prüfung von Schutzausrüstungen gegen Absturz nach DGUV Grundsatz 312-906 absolviert haben (siehe hierzu auch DGUV Regel 112-198). Die Befunde dieser Prüfungen sind in Prüfkarteien entsprechend zu dokumentieren und aufzubewahren.

■ Kernmantel-Dynamikseile

Kernmantel-Dynamikseile sind regelmäßigen Sichtprüfungen zu unterziehen. Hierbei lässt man das Seil durch beide Hände gleiten und prüft es dabei auf Beschädigungen. Gleichzeitig achtet man auf die Griffigkeit des Seils, die ebenfalls Aufschluss über mögliche Beschädigungen des Seilkerns gibt. Bei der Sichtprüfung ist insbesondere auf nachfolgende Punkte zu achten:

- Beschädigungen oder grobe Verschmutzungen des Seilmantels
- starke Aufpelzungen des Seilmantels bzw. starker Abrieb des Mantels

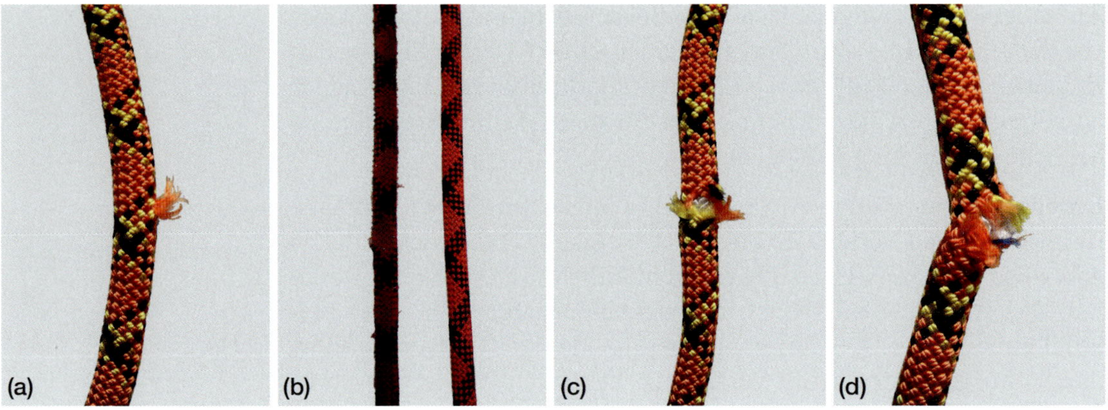

Abb. 26: Beispiele für Beschädigungen an Kernmantel-Dynamikseilen. (a) Tolerierbare Beschädigung des Seilmantels ⇨ engmaschige Nachkontrolle, ggf. Aussonderung bei weiteren Schäden, (b) Starke Aufpelzung des Seilmantels ⇨ engmaschige Nachkontrolle, ggf. Aussonderung bei weiteren Schäden, (c) Schwerwiegende Beschädigung des Seilmantels ⇨ Aussonderung, (d) Beschädigung des Seilmantels mit Beteiligung des Seilkerns ⇨ Aussonderung

- Brandspuren am Seilmantel
- Beschädigungen des Seilmantels mit Hervortreten des Seilkerns
- Verjüngungen und Knickstellen am Seil
- Versteifungen und Verhärtungen im Seil
- Schädigungen des Seilmantels durch Chemikalien.

Kernmantel-Dynamikseile sind auszusondern, wenn:

- starke Aufpelzungen bzw. starker Abrieb des Seilmantels vorliegen,
- das Seil einem Sturz mit einem Sturzfaktor >1 ausgesetzt war,
- der Seilmantel stark beschädigt ist und der Seilkern hervortritt,
- das Seil der Einwirkung von Säuren oder Laugen ausgesetzt war,
- der Seilmantel starke Verunreinigungen durch Öle, Fette, Teer oder ähnliche Stoffe aufweist,
- im Seil starke Deformationen festgestellt wurden, wie z.B. Verjüngungen, Knickstellen, Versteifungen, Verhärtungen,
- der Seilmantel starke Schmelzverbrennungen aufweist,
- der Seilmantel starke Beschädigungen ohne Hervortreten des Seilkerns aufweist, wie z.B. Schnitte nach Scharfkantenbelastung,
- das Seil starker thermischer Belastung ausgesetzt war, wie z.B. Kontakt mit Brandglut,

- das Seil starker Kontamination, wie z.B. mit Brandschutt oder Rußpartikeln ausgesetzt war,
- das Seil einer direkten Beflammung ausgesetzt war.

Die Abbildungen auf S. 44 oben sollen Anhaltswerte für Aussonderungsmerkmale geben und zugleich ein Bild davon vermitteln, welche Schäden noch geduldet werden können. Die Auswahl der Abbildungen und der dargestellten Schäden erhebt keinerlei Anspruch auf Vollständigkeit!

Bandschlingen

Bandschlingen sind regelmäßigen Sichtprüfungen zu unterziehen. Dabei ist insbesondere auf Einrisse, Oberflächenbeschädigungen wie z.B. Aufpelzungen und Beschädigungen der Fäden an den Nähten zu achten (siehe auch Abb. 27). Ebenfalls auszumustern sind Bandschlingen bzw. Bandmaterialien, welche durch starken UV-Strahlungseinfluss ausgebleicht sind. In diesem Fall ist davon auszugehen, dass das Material keine ausreichende Festigkeit mehr aufweist.

(a) (b) (c) (d) (e) (f)

Abb. 27: Beispiele für Beschädigungen an Bandschlingen: (a) Kleiner oberflächlicher Einschnitt ⇨ engmaschige Nachkontrolle, ggf. Aussonderung bei weiteren Schäden, (b) Kleiner oberflächlicher Einschnitt ⇨ engmaschige Nachkontrolle, ggf. Aussonderung bei weiteren Schäden, (c) Leichter oberflächlicher Abrieb ⇨ engmaschige Nachkontrolle, ggf. Aussonderung bei weiteren Schäden, (d) Starker Abrieb durch scharfe Kante ⇨ Aussonderung, (e) Aufriss einer Bandschlingenvernähung ⇨ Aussonderung (f) Einschnitt in Bandschlingenmaterial ⇨ Aussonderung

Sonstige Ausrüstungen

Infolge eines Sturzes aufgerissene Bandfalldämpfer sind umgehend auszumustern und zu ersetzen. Dies gilt auch, wenn aufgrund eines kurzen „weichen" Sturzes der Bandfalldämpfer nicht vollständig aufgerissen wurde.

Bei den metallischen Ausrüstungsteilen des Gerätesatzes Absturzsicherung gibt es keine Nutzungsdauerbegrenzung im engeren Sinn. Da diese Teile meist aus Aluminiumlegierungen bzw. aus Stahl gefertigt sind, ergeben sich Aussonderungskriterien lediglich bei schwerwiegenden Beschädigungen oder Funktionsstörungen. Metallische Ausrüstungsteile wie beispielsweise Karabinerhaken werden einer Sicht- u. Funktionskontrolle auf offensichtliche Mängel unterzogen und sind bei diesen Prüfergebnissen auszusondern:

- sichtbare Korrosionsspuren,
- Verformungen aufgrund starker mechanischer Belastungen,
- Verformungen infolge eines Falls aus großer Höhe,
- Materialabsplitterungen infolge eines Sturzes aus großer Höhe,
- Funktionsbeeinträchtigungen (z.B. Schnapper bei Karabinerhaken schließt nicht mehr),
- deutlicher Materialabrieb (mehrere Millimeter).

2.9.3 Registrierung

Um den „Lebenslauf" der Ausrüstungsteile des Gerätesatzes Absturzsicherung nachvollziehen zu können, empfiehlt es sich, entsprechende Prüf- bzw. Nachweislisten zu führen. Auf diese Weise lassen sich auch die Ergebnisse der Sicht- und Funktionsprüfungen lückenlos dokumentieren.

■ Karabinerhaken

Bei den Karabinerhaken kann z.B. das Kaufdatum vermerkt werden. Haben die einzelnen Karabinerhaken individuelle Kennzeichnungsnummern, kann so jedem Karabinerhaken auch nach Jahren des Gebrauchs das jeweilige Alter bzw. die Gebrauchsdauer zugeordnet werden. Dies erleichtert die Entscheidung über eine ggf. notwendige Ersatzbeschaffung.

Weiterhin können in diesen Prüflisten Vermerke zu Übungen und Einsätzen aufgeführt werden, welche einen Überblick über die Belastungen geben, denen der Karabinerhaken im Laufe dieser Gebrauchsdauer ausgesetzt war.

Bei fehlenden Kennnummern ist die Markierung der Karabinerhaken durch farbiges wasserfestes Klebeband möglich. Eine andere Möglichkeit ist die Beschriftung mittels Aufkleber, der durch einen transparenten Schrumpfschlauch gegen Abrieb bzw. Ablösung vom

Karabiner geschützt wird. Auf diese Weise können Karabinerhaken unterschiedlicher Beschaffungschargen voneinander unterschieden werden.

Kernmantel-Dynamikseile

Für die Registrierung der Kernmantel-Dynamikseile hat sich das System der Seilbücher bewährt. Hierbei überträgt man die technischen Daten sowie das Herstellungsdatum des neugelieferten Seiles von der dem Seil beiliegenden Seilkarte in ein Seilbuch. Nachfolgend ordnet man dem Seil eine individuelle Nummer zu, welche auf dem Transportsack oder auf einem Klebeband an den beiden Seilenden (wie bei den Karabinerhaken) angebracht wird.

In dieses Seilbuch gelangen alle Daten zur Eintragung, welche für die Bewertung und Kontrolle eines Seiles über seine Gebrauchszeit von Bedeutung sind. Die Einträge in das Seilbuch sollten folgende Daten umfassen:

- Datum des Gebrauchs
- Art der Belastung bzw. der Arbeit (z.B. Gebrauch als Sicherungsseil)
- Art des Einsatzes bzw. der Übung
- Gebrauchsdauer in Stunden
- Besondere Vorkommnisse (z.B. Kontamination mit Brandrauch etc.)

Sonstige Ausrüstung

Bei der Registrierung der Bandschlingen oder der Auffanggurte kann entsprechend der Vorgehensweise bei den Seilen verfahren werden.

2.9.4 Neue Entwicklungen für Registrierung und Prüfung von PSA gegen Absturz

In den vergangenen Jahren gab es für die Durchführung der PSA-Prüfung für PSA gegen Absturz einige Neuentwicklungen, die den Anwender dieser PSA bei der Registrierung, Verwaltung und Prüfung unterstützen können. Bei diesen Entwicklungen handelt es sich beispielsweise um Applikationen für Smartphones bzw. Anwendungen für Laptop/PC (z.B. System „LiSA – Life-Safety“ der Fa. Haberkorn, Österreich; das System „RFID TEC“ der Fa. Edelrid, Deutschland sowie das System „BEAL INSPECT“ der Fa. BEAL, Frankreich).

Mit Hilfe dieser Softwarelösungen können über an der Ausrüstung angebrachte NFC-Technologie bzw. QR-Codesystem Informationen über Prüfzyklen und Gebrauchsdauer abgerufen werden. Weiterhin ist über eine Online-Plattform z.B. die Sperrung von Ausrüstungsgegenständen möglich, deren regelmäßiges Prüfintervall überschritten oder deren Gebrauchsdauer abgelaufen ist. Andere Hersteller bieten Dokumente als Hilfe für die Verwaltung und Prüfung der Ausrüstungsgegenstände der PSA gegen Absturz an. So lassen sich beispielsweise bei den Firmen Petzl und Edelrid online entsprechende Dokumente im PDF-Format herunterladen, die als Unterstützung bei der Prüfung der Persönlichen Schutzausrüstung gegen Absturz sowie der Kernmantel-Dynamikseile eingesetzt werden können (z.B. Ablauf der Seil/PSA-Prüfung, Seil/PSA-Prüfbogen-Vordruck und Pflegeanleitung für die Ausrüstung).

3 Knoten und Stiche

Für die unfallfreie Anwendung der Absturzsicherung sind die Kenntnis und das Beherrschen einiger wesentlicher Knoten unbedingt notwendig. Einige der bei der Absturzsicherung gebräuchlichen Knoten sind bereits aus dem allgemeinen Feuerwehrdienst her bekannt (z.B. der Mastwurf). Andere Knoten leiten sich teilweise aus diesen ab (z.B. der Halbmastwurf). Wieder andere Knoten entstammen dem alpinen Einsatzbereich und werden unter anderem auch in der Bergrettung schon seit Jahrzehnten eingesetzt. Jeder in ein Kernmantel-Dynamikseil eingebrachte Knoten verringert dessen Reißfestigkeit; dies hängt mit der Kraftverteilung innerhalb des durch einen Knoten verlaufenden Seilabschnittes zusammen.

Kraftverteilung im Seil innerhalb eines Knotens

Kraftverteilung innerhalb eines Knotens

Betrachtet man einen Knoten, welcher einer Belastung unterworfen ist, einmal genauer, so kann man zwei unterschiedliche Bereiche innerhalb des Seiles im Knotenverlauf erkennen, nämlich:

- **Zugseite (Zugzone)** und
- **Druckseite (Druckzone)**

Im Bereich der Zugseite, welche sich im Außenradius des Knotens befindet, erfolgt die Kraftübertragung bzw. der Kraftverlauf in Form einer Zugbelastung auf die einzelnen Seilfilamente. Auf der Druckseite dagegen erfolgt die Kraftübertragung in Form einer Druckbelastung der Seilfilamente.

Bedingt durch die Materialbeschaffenheit und den Seilaufbau wird jedoch der Großteil der zu übertragenden Last auf der Zugseite des Seiles übertragen. Die Druckseite des Seiles innerhalb des Knotenverlaufes kann nur wenig Kraft übertragen bzw. aufnehmen.

Abb. 28: Zugseite (rot) und Druckseite (gelb) bei einem Achterknoten (großer Umlenkradius)

Abb. 29: Kleiner Umlenkradius bei einem Sackstich

Je kleiner nun der Radius eines Knotens ist, desto größer ist auch der Anteil der Druckseite des Seiles bezogen auf den Seildurchmesser innerhalb des entstandenen Knotenbogens. Je größer der Knotenradius, desto kleiner der Bereich der Druckseite und desto größer der Bereich der Zugzone des Seils.

Nachdem die Seilfilamente der Druckseite (= Anteil der auf Zug belasteten Seilfilamente), wie oben bereits erwähnt, nur sehr wenig Kraft übertragen können, fallen diese im Prinzip für die Übertragung der Kraft durch den Knoten aus.

Somit stehen nur noch die Seilfilamente der Zugseite des Seilbogens zur Kraftübertragung zur Verfügung.

Daraus resultiert eine Reißkraftminderung des Seiles im Extremfall um bis zu 40 %, d.h. ein Kernmantel-Dynamikseil mit einer Reißfestigkeit von 25 kN erfährt beim Binden eines Knotens mit engem Knotenradius eine Reißkraftminderung auf ca. 15 kN.

Darum ist darauf zu achten, dass generell Knoten mit möglichst großem Umlenkradius verwendet werden, um durch die in das Seil eingebrachten Knoten die Reißkraftminderung des Sicherungsseiles so gering wie möglich zu halten.

Aus diesem Grund findet der **Achterknoten** als Einbinde- u. Befestigungsknoten im Bereich der Höhenrettung und Absturzsicherung Verwendung.

Die im Rahmen der Absturzsicherung verwendeten Knoten müssen, wie auch die allgemein gebräuchlichen Knoten im Feuerwehrdienst, auch unter erschwerenden äußeren Einflüssen sicher anwendbar sein. Erschwerende Einflüsse können insbesondere sein:

- situationsbedingter Stress (Menschenrettung, Höhenangst, etc.)
- extreme Witterungsbedingungen (Sturm, Orkanböen, Nässe, Kälte, etc.)
- schwierige Lichtverhältnisse (Dämmerung, Dunkelheit …)

- unübersichtliche Einsatzstelle (großflächiges verschneites Flach- o. Pultdach, abgebrannter Dachstuhl, etc.)
- geringe Einsatz- u. Übungspraxis im Bereich der Absturzsicherung im Feuerwehreinsatz.

Erlernen und Trainieren der Knoten

Aus diesem Grunde ist es besonders wichtig, die für den sicheren Einsatz der Absturzsicherung erforderlichen Knoten gründlich zu trainieren. Hierfür eignet sich folgende Stufenmethodik beim Erlernen und Üben der Knoten, welche zwar zeit- und übungsintensiv ist, sich aber bereits in der Ausbildungspraxis der Speziellen Rettung aus Höhen und Tiefen (SRHT) durchaus bewährt hat:

- Stufe 1: Legen und Stechen der Knoten nach Vorlage
- Stufe 2: Üben der Knoten unter normalen Sichtbedingungen
- Stufe 3: Üben der Knoten mit geschlossenen Augen (Tastbedingungen)
- Stufe 4: Legen der Knoten hinter dem Rücken (Tastbedingungen)

Wird ein Knoten unter Tastbedingungen bei geschlossenen Augen beherrscht, kann man davon ausgehen, dass er unter Stressbedingungen im Einsatz ebenso sicher abrufbar und anwendbar ist.

Man unterscheidet für die Anwendung im Rahmen der Absturzsicherung Befestigungs- und Anschlagknoten (z.B. Mastwurf, Kreuzklemmknoten), Sicherungsknoten (z.B. Halbmastwurf) und Einbindeknoten (z.B. Achterknoten). Bei den Einbinde- und Anschlagknoten ist darauf zu achten, dass nach Fertigstellung des Knotens das freie Seilende mindestens die Länge des 10-fachen Seildurchmessers aufweist.

Achtung: Das Seilende muss außerhalb des Knotens mindestens die Länge des 10-fachen Seildurchmessers aufweisen. Dies gilt grundsätzlich für alle ausgeführten Knoten mit Ausnahme des Mastwurfes. Dieser muss ein längeres freies Seilende aufweisen, um den einfachen oder doppelten Spierenstich als Sicherungsknoten anbringen zu können.

Abb. 30: Mastwurf, mit Spierenstich hintersichert

Mastwurf als Anschlagknoten für Festpunkt

3.1 Mastwurf

Der Mastwurf dient als Befestigungsknoten, mit dem das Seilende an einem Festpunkt angeschlagen wird. Der Mastwurf kann sowohl in großen Radien um einen Festpunkt gelegt werden (z.B. um einen Schornstein) als auch in engen Radien, welche beispielsweise beim Anschlagen des Seiles an Leitern, Geländern und ähnlichen Festpunkten auftreten.

Abb. 31: Mastwurf, mit doppeltem Spierenstich hintersichert

Generell ist der Mastwurf mit einem Spierenstich zu hintersichern, da der insbesondere um Festpunkte mit größeren Radien gelegte Knoten dazu neigt, unter Belastung zu arbeiten und sich dabei im weiteren Verlauf zu öffnen. Es besteht auch die Möglichkeit, den Mastwurf mit einem sogenannten „doppelten Spierenstich" zu hintersichern[6]. Bei scharfen Kanten am vorgesehenen Anschlagpunkten ist ggf. ein Kantenschutz vor dem Anbringen des Mastwurfes notwendig (z.B. Wolldecke).

[6] Die aktuelle Empfehlung „Spezielle Rettung aus Höhen und Tiefen" des AK Ausbildung Bund vom 18.06.2019 empfiehlt eine Hintersicherung mittels doppeltem Spierenstich.

Legen des Mastwurfes

Danach wird der Mastwurf festgezogen und zusätzlich durch einen Spierenstich gesichert[7].

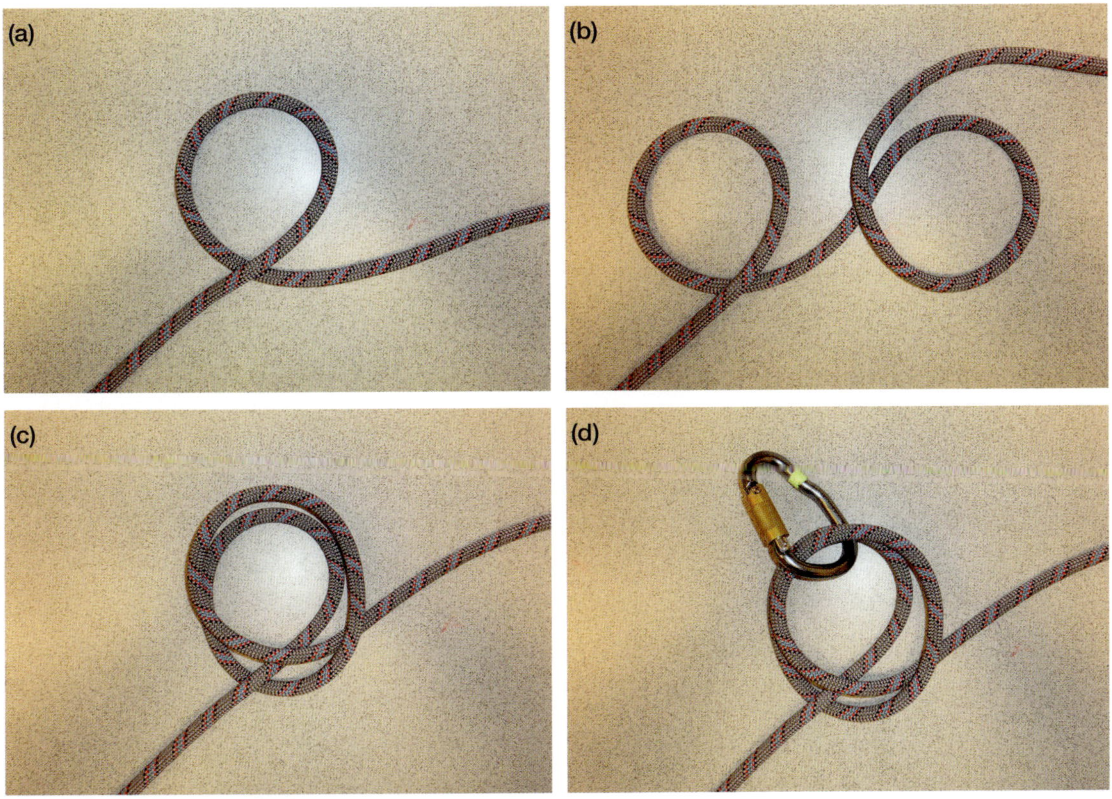

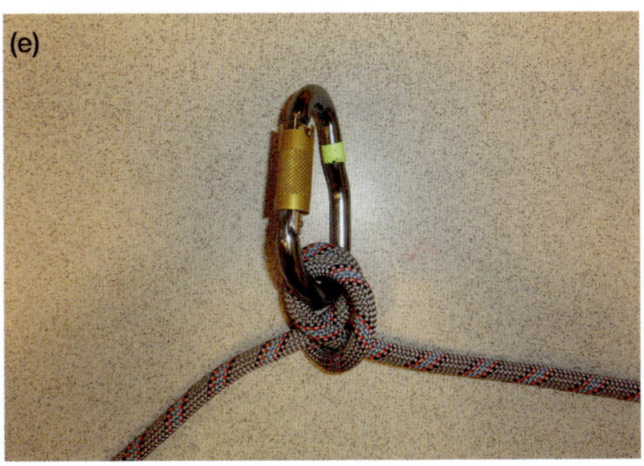

Abb. 32: Einzelschritte beim Legen des Mastwurfes: (a) Legen des ersten Halbschlages, (b) Legen des zweiten Halbschlages, (c) Übereinanderlegen der beiden Halbschläge, (d) Einhängen des Mastwurfes in Karabiner, (e) Festziehen des Mastwurfes im Karabiner

[7] Die aktuelle Empfehlung „Spezielle Rettung aus Höhen und Tiefen" des AK Ausbildung Bund vom 18.06.2019 empfiehlt eine Hintersicherung mittels doppeltem Spierenstich.

Binden des Mastwurfes

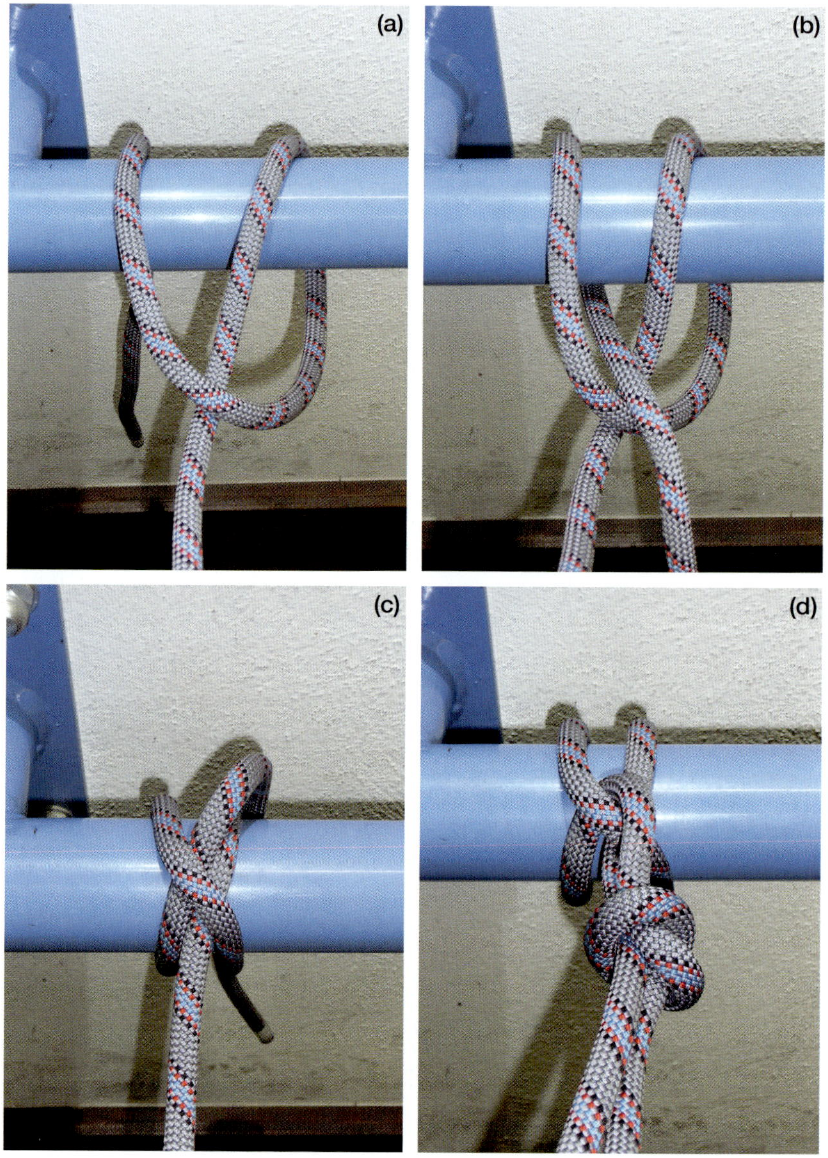

Abb. 33: Einzelschritte beim Binden des Mastwurfes: (a) Legen des ersten Halbschlages, (b) Durchziehen des Seilendes durch den Halbschlag, (c) Festziehen des Mastwurfes, (d) Sicherung des Mastwurfes mittels Spierenstich

3.2 Halbmastwurf

Der Halbmastwurf für die Halbmastwurfsicherung „HMS“ dient in Verbindung mit einem HMS-Karabinerhaken als dynamische Sicherung zur Verringerung der Sturzenergie (Seilbremse).

Halbmastwurf als Seilbremse

Durch den Halbmastwurf wird im Falle eines Sturzes beim Durchlauf des Sicherungsseiles durch den Knoten im HMS-Karabinerhaken ein großer Teil der Sturzenergie durch Reibung des Seiles am Karabinerhaken und durch Reibung der Seilschlingen aneinander im Knotenverlauf in Wärmeenergie umgewandelt. Dadurch verringert sich die auf den Körper einwirkende Fangstoßkraft, man spricht hier in Verbindung mit der Dehnung des Sicherungsseiles von „dynamischer Sicherung“.

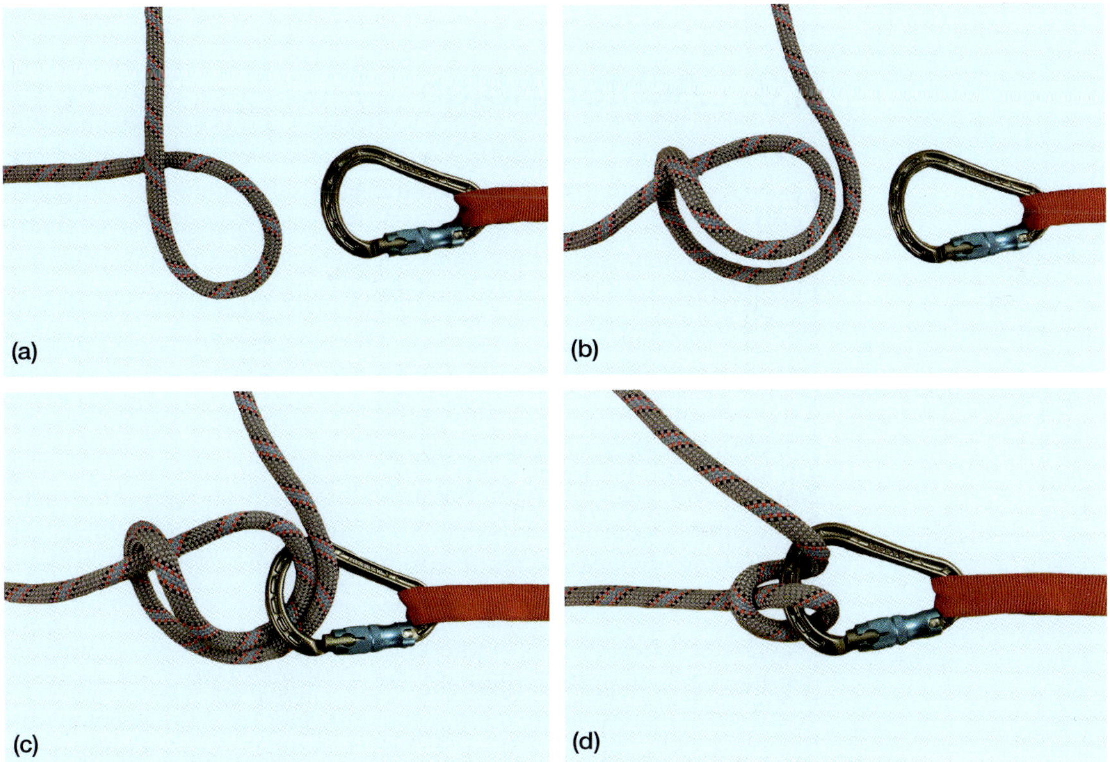

Abb. 34: Einzelschritte beim Legen des Halbmastwurfes: (a) 1. Schritt HMS, (b) 2. Schritt HMS, (c) 3. Schritt HMS, (d) Fertig gelegte Halbmastwurfsicherung HMS

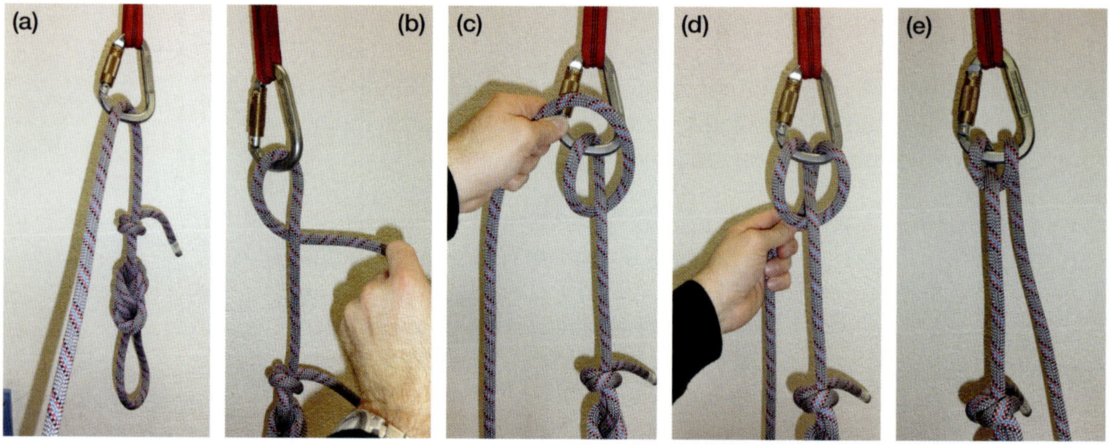

Abb. 35: Einzelschritte beim Legen des Halbmastwurfes innerhalb des HMS-Karabiners: (a) 1. Schritt HMS, (b) 1. Schritt HMS, (c) 3. Schritt HMS, (d) 4. Schritt HMS, (e) fertig gelegter HMS

3.3 Achterknoten

Der Achterknoten (gelegentlich auch „Achtknoten“ oder einfach nur „Achter“ genannt) dient der Verbindung zwischen dem Sicherungsseil und der Auffangöse des Auffanggurtes der vorsteigenden Einsatzkraft. Er kann auch zur Schaffung eines Anschlagpunktes für die sichernde Einsatzkraft zum Aufbau der Sicherungskette verwendet werden.

Das als Sicherungsseil vorgesehene Kernmantel-Dynamikseil wird mit einem gesteckten Achterknoten (siehe Abb. 37) in die dafür vorgesehene Auffangöse des Auffanggurtes eingebunden und abschließend mit einem Spierenstich gesichert.

Durch einen gelegten Achterknoten kann auch an jeder beliebigen Stelle eines Sicherungsseils eine Seilschlinge einbracht werden, z.B. zur Bildung einer Seilschlaufe zum Einlegen eines HMS-Karabinerhakens in das Sicherungsseil.

Die Hintersicherung des Achterknotens mit einem Spierenstich ist wie beim Mastwurf erforderlich, um ein unbeabsichtigtes Lösen zu verhindern, insbesondere dann, wenn ein gelegter Achterknoten mittels eines Spezialkarabiners (z.B. „OMNI®-Triact“ oder Stahlkarabiner mit Dreiwegeverschluss) mit der Auffangöse des Auffanggurtes verbunden wird (siehe Kapitel 4.2.5 Abschnitt Alternative Verbindungsmöglichkeiten zwischen Kernmantel-Dynamikseil und Auffanggurt).

Abb. 36: Befestigung des Kernmantel-Dynamikseiles mit Achterknoten in der rückseitigen Auffangöse des Auffangurtes, hier liegt der Auffanggurt unter dem PA-Tragegestell

Achterknoten als „Universalknoten“

Achterknoten gesteckt

Abb. 37:
Einzelschritte beim Binden eines gesteckten Achterknotens: (a) 1. Schritt gesteckter Achterknoten, (b) 2. Schritt gesteckter Achterknoten, (c) 3. Schritt gesteckter Achterknoten, (d) 4. Schritt gesteckter Achterknoten, (e) 5. Schritt gesteckter Achterknoten, (f) 6. Schritt gesteckter Achterknoten, (g) 7. Schritt gesteckter Achterknoten, (h) 8. Schritt gesteckter Achterknoten

Danach wird der Achterknoten festgezogen und zusätzlich durch einen Spierenstich gesichert[8].

[8] Die aktuelle Empfehlung der AGBF „Spezielle Rettung aus Höhen und Tiefen“ des AK Ausbildung Bund vom 18.06.2019 empfiehlt, den Achterknoten nicht mehr zu hintersichern.

Achterknoten gesteckt als Befestigungsknoten

Der gesteckte Achterknoten kann in der vorstehend beschriebenen Ausführung auch als Befestigungsknoten für die Sicherungskette verwendet werden. Der Kraftverlauf innerhalb des Achterknotens ist günstiger als der innerhalb eines Mastwurfes. An schwer zugänglichen Festpunkten stellt die Verwendung des gesteckten Achterknotens auch eine Erleichterung gegenüber dem gesteckten Mastwurf dar (z.B. bei Befestigung des Seiles an einem Dachbalken). Auch in diesem Fall wird der Achterknoten mit einem Spierenstich hintersichert.

Abb. 38: Befestigung des Sicherungsseiles an einem Dachbalken mittels eines gesteckten Achterknotens

Achterknoten gelegt

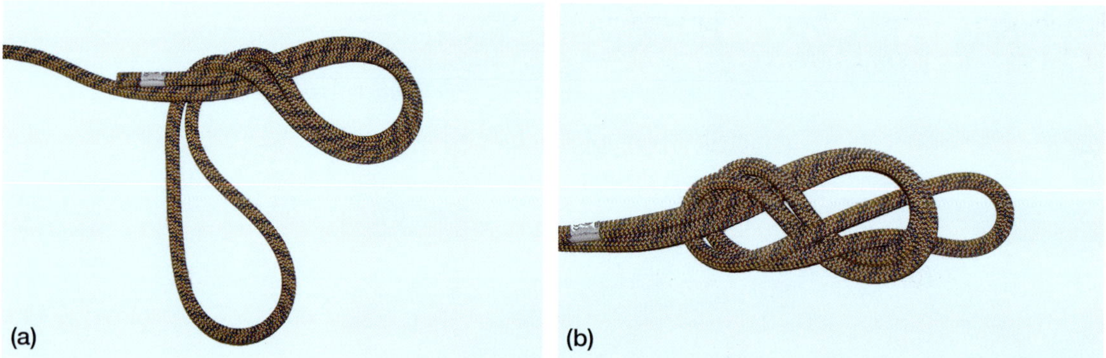

Abb. 39: Einzelschritte beim Legen eines Achterknotens (a) 1. Schritt eines gelegten Achterknotens, (b) 2. Schritt eines gelegten Achterknotens

Danach wird der Achterknoten festgezogen und zusätzlich durch einen Spierenstich gesichert[9].

[9] Siehe hierzu Fußnote 8

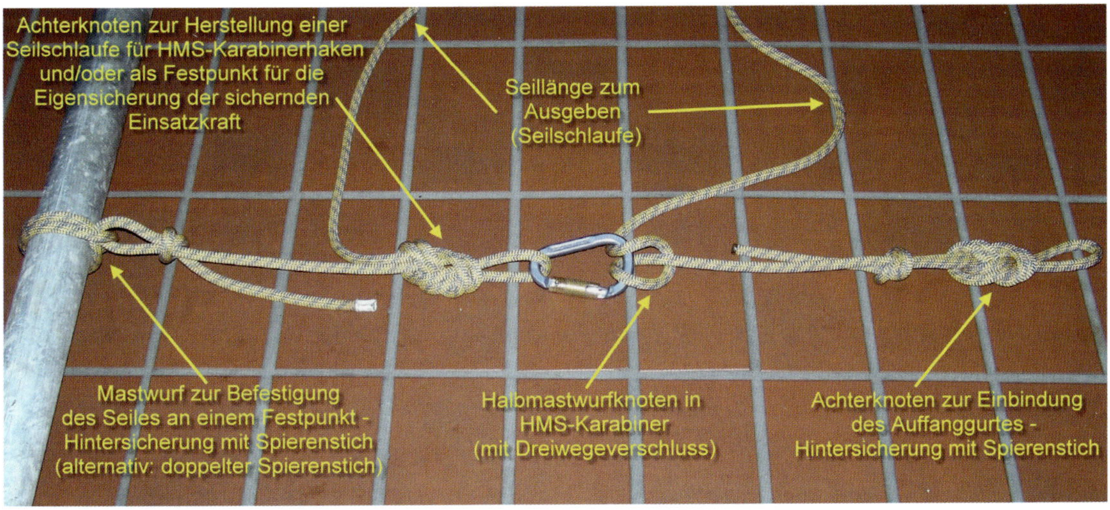

Abb. 40: **Gelegter Achterknoten als Bestandteil der Sicherungskette**

„Inline"-Achterknoten

Der sogenannte „Inline-Achterknoten" stammt aus dem Bereich der Speziellen Rettung aus Höhen und Tiefen (SRHT) und ist eine weitere Möglichkeit für die Erstellung eines Seilauges für den HMS-Karabinerhaken im Seilverlauf. Er wird im Verlauf des Seilstranges in das Sicherungsseil eingelegt.

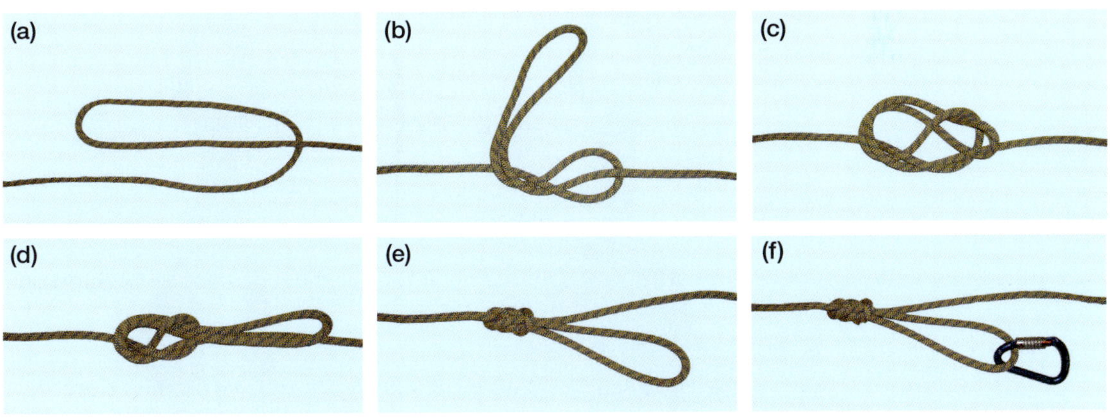

Abb. 41: **Einzelschritte beim Legen eines „Inline"-Achterknotens (a) 1. Schritt eines gelegten „Inline"-Achterknotens, (b) 2. Schritt eines gelegten „Inline"-Achterknotens, (c) 3. Schritt eines gelegten „Inline"-Achterknotens, (d) 4. Schritt eines gelegten „Inline"-Achterknotens, (e) 5. Schritt eines gelegten „Inline"-Achterknotens, (f) Einhängen des HMS-Karabiners in die Seilschlaufe**

Schleifknoten als Festlegeknoten

3.4 Schleifknoten

Der Schleifknoten dient der Festlegung des Halbmastwurfes. Durch den Schleifknoten wird der sonst dynamisch wirkende (bremsende) Halbmastwurf festgelegt und das Sicherungsseil kann nach der Befestigung des freien Seilendes z.B. als Geländerseil genutzt werden.

Abb. 42: Einzelschritte bei der Erstellung eines Schleifknotens unter Einhaltung der Seilkontrolle

Eine weitere Verwendungsmöglichkeit ist die Stabilisierung der Einsatzlage durch das Festlegen des Sicherungsseiles nach erfolgtem Sturz der vorsteigenden Einsatzkraft, um sich zunächst einmal einen Überblick über die Lage nach dem Sturz zu verschaffen und die Rettung der gestürzten Einsatzkraft vorzubereiten (Eigenrettung oder Fremdrettung).

Schleifknoten erstellen

Die vorstehende Bilderfolge zeigt die Ausführung des Schleifknotens unter Einhaltung der Seilkontrolle. Hierbei werden beide Seilenden (in den HMS- Karabinerhaken einlaufendes und auslaufendes Sicherungsseil) nebeneinander festgehalten. Durch den Umschlingungswinkel des Sicherungsseiles um den Karabinerhaken von 180° und die hohe Seilreibung der beiden Seilenden bedingt kann die zu sichernde Einsatzkraft mit einer Hand bei geringem Kraftaufwand sicher gehalten werden.

Die entstehende Seilschlaufe des Schleifknotens wird mittels eines Karabinerhakens gegen unbeabsichtigtes Lösen gesichert. Hierzu wird der Karabinerhaken in die entstandene Schlinge eingehängt

Abb. 43: Schleifknoten zur Festsetzung (Arretierung) eines Halbmastwurfes

und danach Schlinge und Karabinerhaken am belasteten abgehenden Seilstrang festgehalten.

Ein Lösen des Schleifknotens ist nach Entfernung des Sicherungskarabiners aus der Seilschlaufe durch Anziehen am einlaufenden Seilende (aus dem Seilsack) leicht möglich. Dabei muss auf die sichere Kontrolle des in den HMS-Karabiner einlaufenden Halteseils geachtet werden, um einen unkontrollierten Seildurchlauf durch den HMS-Karabiner und damit ggf. ein unbeabsichtigtes Ablassen der gesicherten Einsatzkraft zu verhindern.

Kreuzklemmknoten als Hilfsmittel für die Sicherung auf Dächern

3.5 Kreuzklemmknoten („Bandklemmknoten“)

Der Kreuzklemmknoten (auch als „Bandklemmknoten“ bezeichnet) dient zur Herstellung eines Fixpunktes am schrägen oder senkrechten festgelegten Sicherungsseil zum Einhängen einer Nahbereichssicherung (Bandfalldämpfer mit Gerüsthaken). Dies kann zum Beispiel an einer schrägen oder sehr steilen Passage eines Geländerseiles (Fixseiles) notwendig sein. Der Kreuzklemmknoten kann an jeder beliebigen Stelle im installierten Geländerseil erstellt werden.

Abb. 44: Kreuzklemmknoten als Einhängepunkt für den Gerüsthaken einer Nahbereichssicherung an einem schrägen Fixseil

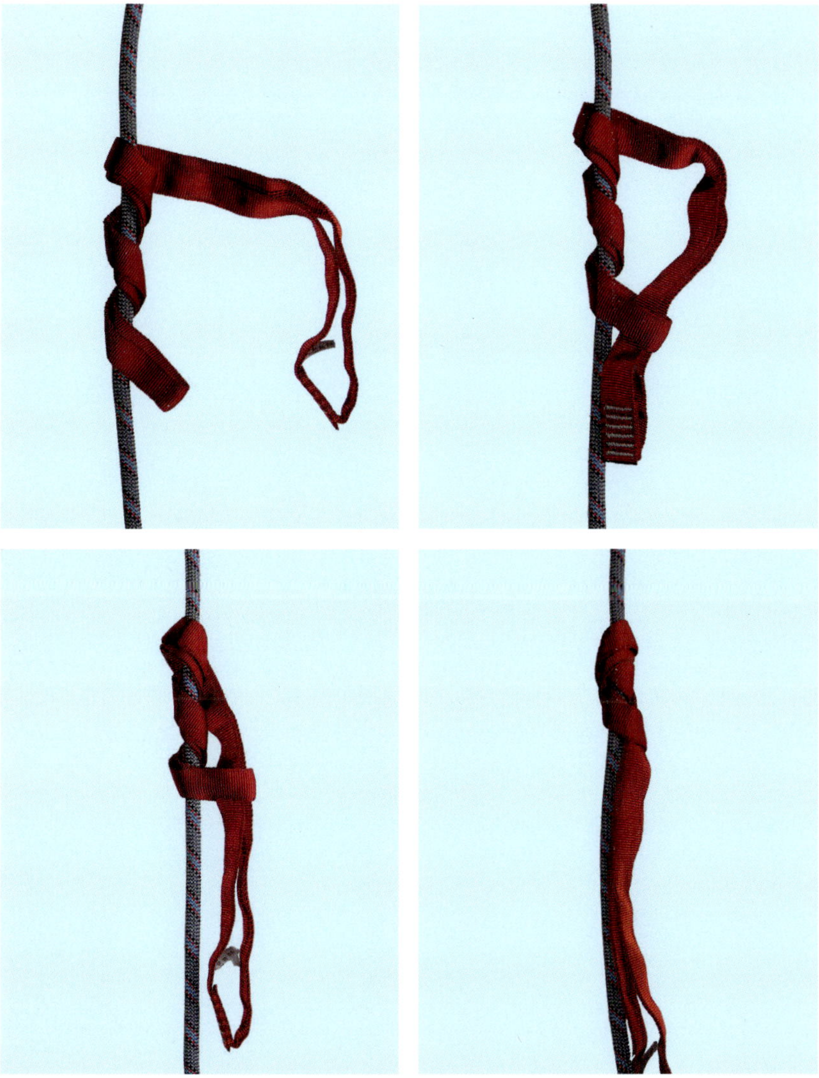

Abb. 45: Einzelschritte bei der Erstellung des Kreuzklemmknotens an einem Sicherungsseil

Nach Lockern des unbelasteten Bandklemmknotens kann dieser an jede beliebige Stelle am Seil verschoben werden, nach oben oder nach unten. Nach Verschieben des Klemmknotens an die vorgesehene Stelle wird dieser wieder handfest gezogen. Dadurch zieht sich der Klemmkonoten ausreichend fest um das Seil und kann wieder als Anschlagpunkt genutzt werden.

4 Sicherungstechniken

Sicherungstechniken in der Absturzsicherung

Bei der Gefährdungsermittlung und Auswahl der geeigneten bzw. erforderlichen Ausrüstungen und Verfahren bzw. der erforderlichen Ausbildung muss zunächst zwischen verschiedenen grundsätzlichen Sicherungstechniken unterschieden werden. In diesem Zusammenhang muss zunächst grundsätzlich zwischen den Einsatzverfahren „Absturzsicherung“ und „Spezielle Rettung aus Höhen und Tiefen – SRHT“ unterschieden werden. Diese beiden Einsatzverfahren (und damit auch die darin ausgebildeten Einsatzkräfte) weisen nämlich grundsätzliche Unterschiede hinsichtlich des Fähigkeitsspektrums auf.

Grundsätzlich werden allerdings bei beiden Einsatzverfahren die gleichen Sicherungstechniken eingesetzt.

Absturzsicherung

Definition der Tätigkeit Absturzsicherung

Die Absturzsicherung dient dem Halten, Zurückhalten und ggf. dem sicheren Auffangen einer Einsatzkraft, die Tätigkeiten in absturzgefährdeten Bereichen ausführen muss, bei denen ein freier Fall nicht auszuschließen ist. Ein geplantes freies Hängen der Einsatzkraft im Seil ist nicht geplant und ohne Eintritt eines Sturzes auch ausgeschlossen.

Das heißt, die gesicherte Einsatzkraft muss mit den Beinen immer Kontakt zu einem festen Untergrund, einem Dach, einer Gitterkonstruktion, einer Leiter oder einer ähnlichen baulichen Einrichtung haben.

Ein geplantes freies Hängen im Zuge der Einsatzvorbereitung ist bei diesem Einsatzverfahren nicht zulässig.

Die Absturzsicherung ist durchführbar mit dem Gerätesatz Absturzsicherung gemäß DIN 14800-17. Als Ausbildung werden ein spezieller Grundlehrgang (Dauer mind. 24 h) sowie jährliche Wiederholungsübungen und Fortbildungen empfohlen. Sowohl bei der Erstausbildung auch als bei den jährlichen Fortbildungen sollte der Praxisanteil gegenüber dem Theorieteil im Verhältnis 2/3 (Praxisanteil) zu 1/3 (Theorieanteil) stehen.

Das Einsatzverfahren „Absturzsicherung" ist eine Grundtätigkeit nach FWDV 1! Der Gerätesatz Absturzsicherung darf die damit ausgerüsteten Einheiten allerdings keinesfalls dazu verleiten, die Einsatzmöglichkeiten, welche sich mit diesen Gerätschaften eröffnen, zu überschätzen oder für sich selbst neue Einsatzfelder zu beanspruchen, welche ganz klar in den Bereich der Speziellen Rettung aus Höhen und Tiefen (SRHT) fallen. Die Einsatzmöglichkeiten mit einem Gerätesatz Absturzsicherung nach Norm sind eng begrenzt.

Grenze zwischen Absturzsicherung und SRHT

Spezielle Rettung aus Höhen und Tiefen (SRHT)

Die spezielle Rettung aus Höhen und Tiefen, auch Höhenrettung genannt, ist eine spezielle Einsatztätigkeit der Feuerwehr zur Rettung oder Hilfeleistung, bei der ein freies Hängen der Einsatzkräfte im Seil notwendig ist, um ggf. den Einsatzort erreichen zu können. Bei der Speziellen Rettung aus Höhen und Tiefen wird mit zwei voneinander unabhängig wirkenden Seilen gearbeitet: dem sogenannten „Lastseil" und dem „Sicherungsseil", auch als „Redundanzseil" bezeichnet.

Je nach Gegebenheit werden auch die Sicherungstechniken „Halten", „Zurückhalten" und „Auffangen" angewendet.

Die SRHT verlangt erweiterte ausbildungs- und trainingsintensive Kenntnisse, welche die Eigenrettung aus dem Seil und die Rettung anderer Personen aus besonders gefährdeten Lagen einschließt. Für Einsatzmaßnahmen sind eine erweiterte Ausrüstung und eine Höhenrettungsgruppe mit mindestens sechs speziell ausgebildeten Einsatzkräften erforderlich. Als Ausbildung werden ein spezieller Grundlehrgang (Dauer mind. 80 h) sowie jährliche Wiederholungsübungen (Dauer mind. 80 h) empfohlen.

Abb. 46: Spezielle Rettung aus Höhen und Tiefen, hier Rettung einer Person aus dem Maschinenhaus einer Windenergieanlage

Das Einsatzverfahren „Spezielle Rettung aus Höhen und Tiefen“ ist keine Grundtätigkeit nach FWDV 1 und bleibt damit den speziell hierfür ausgebildeten Sondereinheiten vorbehalten!

4.1 Halten

Prinzipielle Sicherungstechniken in der Absturzsicherung

Der Begriff des **Haltens** beschreibt Situationen, bei denen ein Sicherungsseil oberhalb des zu Sichernden geführt wird. Das heißt, die gesicherte Einsatzkraft/Person wird beim Abrutschen von der Standfläche, einer Leiter, einer schrägen Fläche, einer Böschung oder einem Abhang sofort von oben so gehalten, dass diese nicht abstürzen oder weiterrutschen kann. Dadurch wird die gesicherte Einsatzkraft/Person von der eigentlichen Absturzkante zurückgehalten bzw. ein Absturz verhindert.

Abb. 47: Halten einer Einsatzkraft an einem Abhang mit Feuerwehrleine und unter Einsatz eines integrierten Rettungssystems (IRS) mit Selbstsicherungsschlinge

Beim Einsatz von Sicherungsseilen aus Polyamid bei der Brandbekämpfung (z.B. bei Wald- und Flächenbränden an Steilhängen) besteht die Gefahr der Beschädigung bzw. Zerstörung der Seile durch Hitze und Flammen! Darum Verwendung von Aramid-Seilen zum Halten von oben!

Eine häufige Ausführung des Haltens ist auch die **Standplatzsicherung** einer Einsatzkraft z.B. auf einer Leiter oder im Rettungskorb eines Hubrettungsfahrzeuges. Dabei wird durch ein stramm gehaltenes Verbindungsmittel (z.B. von Feuerwehr-Haltegurt oder der Selbstsicherungsschlinge eines IRS), welches um einen geeigneten Festpunkt geschlungen oder mittels Karabiner eingehängt ist, der Absturz der gesicherten Einsatzkraft verhindert.

Abb. 48: Selbstsicherung (Standplatzsicherung) einer Einsatzkraft auf einer Steckleiter mittels eines IRS mit Selbstsicherungsschlinge

Abb. 49: Selbstsicherung (Standplatzsicherung) einer Einsatzkraft im Rettungskorb eines Hubrettungsfahrzeuges mittels Feuerwehrhaltegurt

Beim Halten/Rückhalten ist darauf zu achten, dass das Sicherungsseil (z.B. Feuerwehrleine) straff auf Zug gehalten wird und somit im Falle eines Abrutschens keine dynamische Belastung des Sicherungsseils stattfindet. Zum Halten sollte der Gerätesatz Absturzsicherung verwendet werden. Steht dieser Gerätesatz nicht zur Verfügung, so können auch ein Feuerwehr-Haltegurt und Feuerwehrleinen eingesetzt werden.

Sicherungstechnik „Halten“

Die Sicherungstechnik „Halten“ ist auch mit einer Feuerwehrleine und einem in der Einsatzkleidung integrierten Sicherungs- u. Rettungssystem (sog. Integriertes Rettungssystem – IRS) durchführbar. Dabei handelt es sich um eine in die Brandschutzjacke integrierte Rettungsschlinge, die mittels eines speziellen Dreiwegeverschluss-Karabiners mit einer Selbstsicherungsschlinge verbunden werden kann. Dadurch ist ebenfalls der Aufbau einer Standplatzsicherung für die sichernde Einsatzkraft und in Kombination mit einer Feuerwehrleine die Sicherungstechnik „Halten“ bzw. „Zurückhalten“ von einer Absturzkante durchführbar. Die Verwendung eines zweiteiligen Systems, bestehend aus der Kombination Rettungsschlaufe/Haltegurt und Selbstsicherungsschlinge, verbunden mit einem Verbindungselement nach EN 362 (Karabiner, Dreiwegeverschlusskarabiner empfehlenswert) erlaubt das Lösen des Sicherungsmannes aus der Sicherungskette (siehe hierzu Kap. 4.2.5), wie in FWDV 1 gefordert. Außerdem können bei dieser Kombination beide Teile bei Beschädigung separat ausgetauscht werden.

Abb. 50: Beispiel für ein „integriertes Rettungssystem“ (IRS) in Kombination mit einer Selbstsicherungsschlinge. Beide Ausrüstungsteile sind in diesem Fall aus einer Aramid-Faser hergestellt. Der schwarze, 80 mm breite Gurt, eine Kombination aus Rettungsschlaufe und Haltegurt, ist in einem in die Jacke eingenähten Tunnel eingezogen

Werden der Haltegurt bzw. die Selbstsicherungsschlinge nicht gebraucht, so müssen sie so innerhalb der Brandschutzjacke verstaut werden, dass sie weder mit Brandrauch (insbesondere bei Abbrand von Kunststoffen) oder anderen aggressiven Stoffen in Kontakt kommen können. Dadurch werden beide Schlingen gleichzeitig auch vor einer möglichen schädlichen Wärmeexposition geschützt. Bestehen beide Ausrüstungsgegenstände aus Polyamid, besteht die Gefahr der thermischen Schädigung, wenn sie hohen Temperaturen oder gar direkter Beflammung in Brandräumen ausgesetzt sind. Der Schmelzpunkt von Polyamiden liegt je nach Typ des Polyamids zwischen 220 °C und maximal 260 °C, Temperaturen, wie man sie in Brandräumen auch in Bodennähe vorfinden kann.

Aus den vorstehend genannten Gründen ist es von Vorteil, sowohl die Kombination Haltegurt/Rettungsschlaufe als auch die Selbstsicherungsschlinge aus Aramid-Faser zu fertigen. Aramid ist weit weniger empfindlich gegen Einwirkung von aggressiven Stoffen, wie z.B. Säuren. Der Temperaturbeständigkeit von Aramiden liegt etwa knapp doppelt so hoch wie die von Polyamid, Aramid besitzt einen Schmelzpunkt von ca. 500 °C. Allerdings sind Aramid-Fasern emp-

Abb. 51: Einsatz eines IRS in Verbindung mit einer Selbstsicherungsschlinge zum Halten/Zurückhalten einer Einsatzkraft. Durch Öffnen des Karabiners zwischen Haltegurt/Rettungsschlaufe und Selbstsicherungsschlinge kann sich die sichernde Einsatzkraft jederzeit aus der Sicherungskette lösen

findlicher gegen UV-Strahlung als Polyamid-Faser, weshalb auch Gurte bzw. Schlingen aus diesem Material innerhalb der Jacke zu verstauen sind, wenn sie nicht gebraucht werden.

„Zurückhalten" als Einsatzform des „Haltens"

Eine Form des Haltens ist das sogenannte „Zurückhalten". Der Absturz wird dadurch verhindert, indem der Bewegungsfreiraum der gesicherten Einsatzkraft so eingeschränkt wird, dass diese die Absturzkante (z.B. Böschung oder Flachdachkante) gar nicht erreichen kann.

Ziel der Sicherungstechnik „Zurückhalten" ist es also, die gesicherte Einsatzkraft/Person durch die straffe Führung des Sicherungsseils innerhalb eines sicheren Bereiches zu halten bzw. sie vom absturzgefährdeten Bereich fernzuhalten, wobei der absturzgefährdete Bereich mind. 1,50 m vor der möglichen Absturzkante beginnt.

Somit wird ein möglicher Sturz ausgeschlossen. Hierbei wird eine indirekte Sicherung durchgeführt, d.h. die haltende Einsatzkraft befindet sich außerhalb der Sicherungskette. Hierzu kann der Feuerwehr-Haltegurt direkt an einem Festpunkt angeschlagen werden, wenn keine Selbstsicherung der haltenden Einsatzkraft erforderlich ist, oder über eine Feuerwehrleine, welche am Festpunkt angeschlagen ist. Eine weitere Möglichkeit ist die Verwendung einer Bandschlinge (Länge 80 cm) in Verbindung mit einem Dreiwegeverschlusskarabiner, welche direkt am Festpunkt befestigt werden.

Gleiches gilt für den Einsatz eines Integrierten Rettungssystems (IRS), bestehend aus der Kombination Haltegurt/Rettungsschlaufe und einer Selbstsicherungsschlinge. Durch Öffnen des Verbindungsmittels z.B. Karabiner zwischen der Haltegurt/Rettungsschlaufen-Kombination und der Selbstsicherungsschlinge kann die sichernde Einsatzkraft die Sicherungskette verlassen (gilt nur bei der Verwendung eines Dreiwegeverschlusskarabiners, z.B. OMNI TRI-ACT® von PETZL).

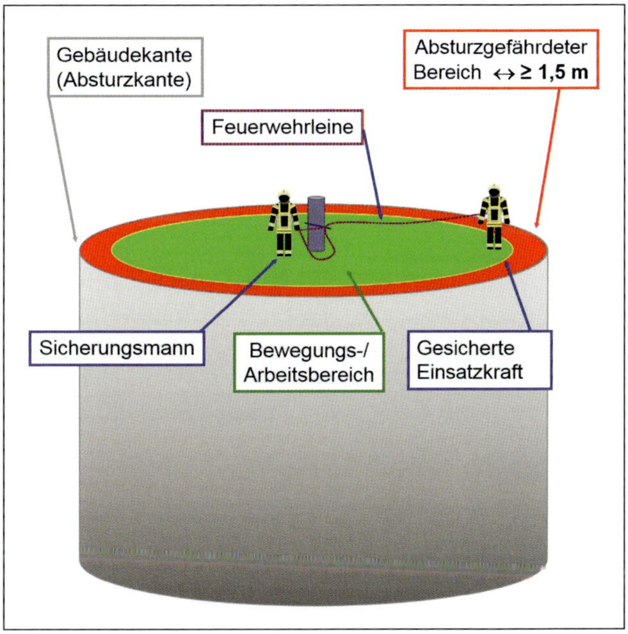

Abb. 52: Übersichtsschema für das Halten/Zurückhalten einer Einsatzkraft

Die Sicherungstechnik „Halten/Zurückhalten" ist das Sichern von gefährdeten Einsatzkräften/Personen mit dem Ziel, einen Absturz auszuschließen. Ein Absturz wird ausgeschlossen, weil die gesicherte Einsatzkraft/Person derart in ihrer Bewegungsfreiheit eingeschränkt wird, so dass diese von der Absturzkante ferngehalten wird.

4.1.1 Halten/Zurückhalten mit Feuerwehrleine und Feuerwehr-Haltegurt

Beim Halten mit der Feuerwehrleine wird die zu sichernde Einsatzkraft/Person mit einem Brustbund in die Feuerwehrleine eingebunden. Die Einbindung kann vor dem Legen der Halbmastwurfsicherung oder danach erfolgen. Hierzu ist eine entsprechende Länge Leine vor dem Legen der Halbmastwurfsicherung aus dem Leinenbeutel zu ziehen. Eine weitere Möglichkeit der Einbindung ist das

Legen eines Achterknotens in die Feuerwehrleine und Einhängen des Achterknotens in den Karabiner des Feuerwehrhaltegurtes der gesicherten Einsatzkraft (oder alternativ das Durchfädeln des Verbindungsmittels des Feuerwehrhaltegurtes durch die Öse des Achterknotens mit anschließendem Einhängen des Karabiners in die Halteöse des Feuerwehrhaltegurtes).

Um einen sicheren Stand der haltenden Feuerwehreinsatzkraft ständig zu gewährleisten, ist für diese ggf. eine Selbstsicherung notwendig. Hierzu wird ein geeigneter Anschlagpunkt benötigt. An diesem Anschlagpunkt wird zunächst eine zusätzliche Feuerwehrleine (oder ein Kernmantel-Dynamikseil) mittels Mastwurf angeschlagen und mit einem doppeltem Spierenstich[10] gesichert. In diese Leine wird mittels Achterknoten eine Schlaufe als eigentlicher Anschlagpunkt für die haltende Einsatzkraft gebunden.

„Halten“ mit Feuerwehrleine und FW-Haltegurt

Anschließend führt die Einsatzkraft das Sicherungsseil ihres Feuerwehr-Haltegurtes durch die entstandene Schlaufe des Achterknotens und klinkt den Karabinerhaken in die geschlossene Halteöse des Feuerwehr-Haltegurtes ein.

Danach wird von der haltenden Einsatzkraft eine Halbmastwurfsicherung angefertigt. Dazu wird eine Schlaufe der Feuerwehrleine (mit der die Einsatzkraft/Person gesichert wird) durch die geschlossene Halteöse des Feuerwehr-Haltegurtes gelegt. Durch diese Schlaufe wird danach der Leinenbeutel geführt und der Halbmastwurf festgezogen.

Bei Einsatz eines IRS mit Selbstsicherungschlinge ist das Vorgehen ähnlich, hier wird die Schlaufe der Feuerwehrleine durch den Aluminiumring der Selbstsicherungsschlinge geführt. Ansonsten entspricht der Handlungsablauf dem bei Verwendung eines Feuerwehrhaltegurtes.

Beim Durchführen der Schlaufe der Feuerwehrleine durch die Öse bzw. den Aluminiumring ist darauf zu achten, dass sich die Schlaufe nicht eindreht, ansonsten entsteht durch die Verdrehung eine Seilblockade im Knoten, da in diesem Fall keine Halbmastwurfsicherung (HMS) entsteht. Gleiches gilt beim Einsatz des Feuerwehr-Haltegurtes.

Die nachfolgende Bilderserie stellt den Ablauf der Einzelschritte des Aufbaus der Sicherungskette für das Halten/Zurückhalten mit Feuerwehr-Haltegurt und Feuerwehrleine dar.

---

[10] Die aktuelle Empfehlung „Spezielle Rettung aus Höhen und Tiefen“ des AK Ausbildung Bund vom 18.06.2019 empfiehlt eine Hintersicherung mittels doppeltem Spierenstich.

Abb. 53: Einzelschritte zum Aufbau der Sicherungskette zum Halten/Zurückhalten mittels Feuerwehr-Haltegurt und Feuerwehrleine: (a) Schlaufe der Feuerwehrleine durch die geschlossene ... (b) Halteöse des Feuerwehr-Haltegurtes gelegt, (c) Leinenbeutel durch Schlaufe... (d) gefädelt und der ... (e) Halbmastwurf festgezogen, (f) fertige Einbindung und Sicherung

„Halten" mit Feuerwehrleine und Haltegurt von IRS

4.1.2 Halten/Zurückhalten mit Feuerwehrleine und Integriertem Rettungssystem (IRS) in Verbindung mit Selbstsicherungsschlinge

Bei dem sogenannten Integrierten Rettungssystem (IRS) handelt es sich um eine Kombination aus Rettungsschlaufe nach EN 1498 Teil A und eines Haltegurtes nach EN 358. Diese Kombination, die sich innerhalb eines in die Brandschutzjacke eingenähten Tunnels befindet, wird noch mittels eines Verbindungsmittels (z.B. Karabiner nach EN 362) mit einer Selbstsicherungsschlinge, einem Verbindungsmittel nach EN 354 und EN 795 Typ B, verbunden.

Mit dieser PSA gegen Absturz ist die Durchführung der Sicherungsvarianten Halten/Zurückhalten ebenfalls möglich. Die Vorgehensweise beim Aufbau der Sicherungskette ähnelt stark der beim Einsatz eines Feuerwehrhaltegurtes. Als Sicherungsseil dient auch hier beispielsweise eine Feuerwehrleine.

Die nachfolgende Bilderserie stellt den Ablauf der Einzelschritte des Aufbaus der Sicherungskette für das Halten/Zurückhalten mit Feuerwehrhaltegurt und Feuerwehrleine dar.

Sicherheitshinweise für das Halten/Zurückhalten mit Feuerwehrhaltegurt bzw. Integriertem Rettungssystem (IRS) mit Selbstsicherungsschlinge und Feuerwehrleine:

- Das Sicherungsseil (z.B. Feuerwehrleine) muss stets straff auf Zug gehalten werden
- Keine scharfen Kanten im Verlauf der Feuerwehrleine
- Gesicherte Einsatzkraft ≥ 1,50 m von der Absturzkante entfernt
- Sturz oder Einbruch der gesicherten Einsatzkraft muss sicher ausgeschlossen sein
- Bei bestehender Einbruchgefahr (z.B. Oberlichter von Lagerhallen) oder Sturzgefahr Einsatz des GS Absturzsicherung nach DIN 14800-17
- Immer Sicherung (Anschlag) an geeignetem Festpunkt erforderlich ⇨ **keine Körpersicherung!**

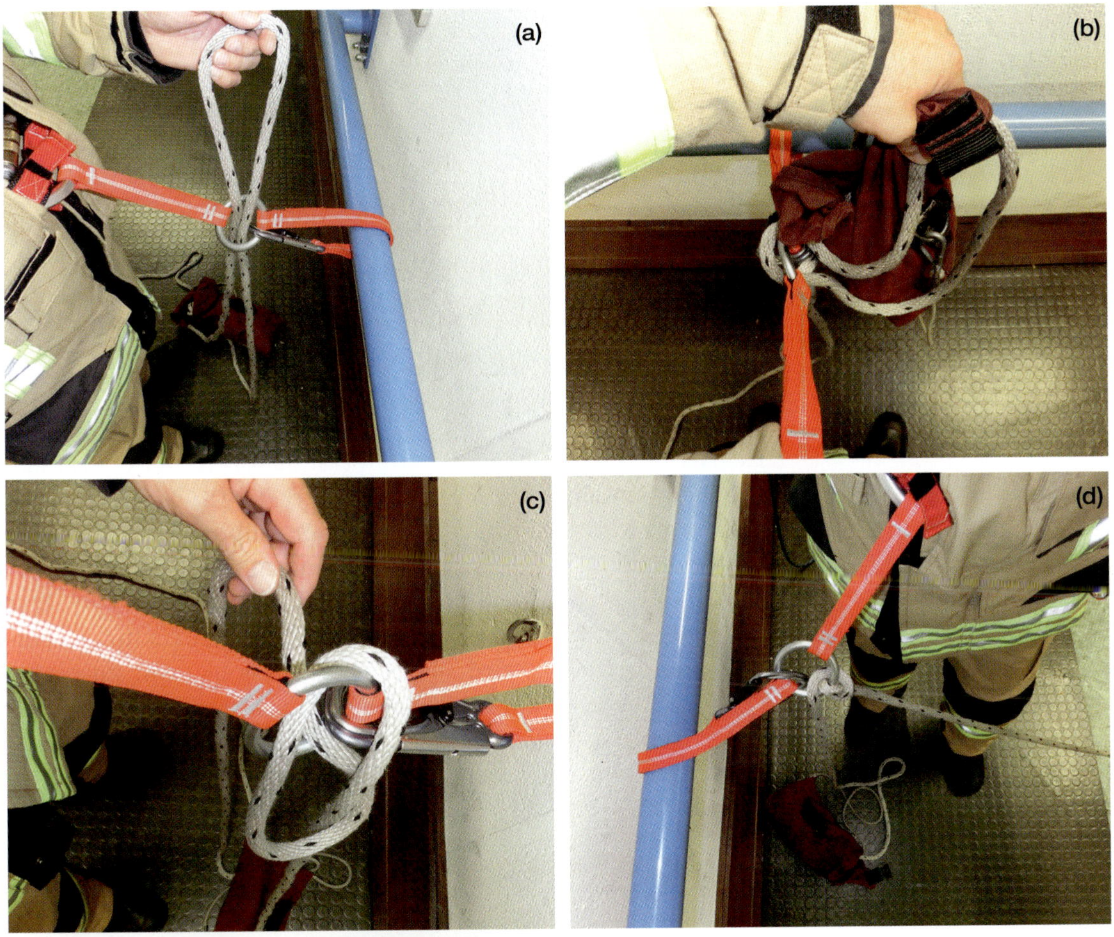

Abb. 54: Fertige Sicherungskette für das Rückhalten mit IRS und Selbstsicherungsschlinge: (a) Schlaufe der Feuerwehrleine durch den Aluminiumring führen, (b) Leinenbeutel durch die Schlaufe führen. **Achtung:** Schlaufe dabei nicht verdrehen! (c) Festziehen des Halbmastwurfes am Ring, (d) Fertige Halbmastwurfsicherung mit Standplatzsicherung für den Sicherungsmann

Zusätzlich bei Sicherung an schrägen Flächen, geneigten Dachflächen und Abhängen:

- Sichernde (haltende) Einsatzkraft stets oberhalb der gesicherten Einsatzkraft/Person
- Gesicherte Einsatzkraft/Person stets senkrecht unterhalb der sichernden (haltenden) Einsatzkraft
- Pendelsturz vermeiden, kein Quergang!

Sicherungstechnik „Auffangen“

4.2 Auffangen

Der Begriff des Auffangens beschreibt Situationen, bei denen sich der Anschlagpunkt für die Seilbremse (z.B. HMS) für das Sicherungsseil auch **unterhalb** oder auf **gleicher Höhe** (z.B. beim sogenannten „Quergang“) der zu sichernden Einsatzkraft befindet oder das Sicherheitsseil nicht ständig straff geführt werden kann. Das heißt, die gesicherte Einsatzkraft, die sich in einem absturzgefährdeten Bereich befindet, wird so gesichert, dass es zwar zu einem Unfall durch Absturz kommen kann, die gesicherte Einsatzkraft aber sofort von der Sicherungskette (siehe Kap. 4.2.5) aufgefangen und somit ein tiefer und lebensgefährlicher freier Fall in jedem Fall verhindert wird.

Die Sicherungstechnik „Auffangen“ ist das Sichern von gefährdeten Einsatzkräften/Personen mit dem Ziel, einen tiefen und lebensgefährlichen freien Fall auszuschließen.

Auffangen ist eine Sicherungsvariante, bei der ein eingetretener Sturz mittels einer dynamisch wirkenden Sicherungskette aufgefangen (gestoppt) wird. Hierbei wird die auftretende Sturzenergie durch die Sicherungselemente der Sicherungskette aufgenommen und die auf die stürzende Einsatzkraft einwirkende Sturzenergie auf ein für den menschlichen Körper erträgliches Maß reduziert. Man unterscheidet beim Auffangen die Varianten gesicherter Vorstieg und Quergang. Kombinationen aus gesichertem Vorstieg und gesichertem Quergang sind im Einsatzfall möglich und treten auch häufig auf (z.B. beim gesicherten Vorgehen auf Hausdächern).

Abb. 55: Beispiel für einen gesicherten senkrechten Vorstieg

Abb. 56: **Beispiel für einen gesicherten waagerechten Vorstieg**

Bei der Sicherungstechnik „Auffangen“ wird der Sturz der gesicherten Einsatzkraft durch das Sicherungsseil und durch die Seilbremse (z.B. Halbmastwurfsicherung), welche in das Sicherungsseil eingelegt wird, abgebremst bzw. verzögert, so dass ein freier Fall verhindert wird. Hierzu wird ein Kernmantel-Dynamikseil benötigt, welches im Falle eines Sturzes einen Teil der auftretenden Sturzenergie durch Seildehnung aufnimmt und dadurch die auf die Einsatzkraft einwirkende Sturzenergie reduziert.

Der Halbmastwurf im HMS-Karabinerhaken wiederum bewirkt durch einen kontrollierten Seildurchlauf von einigen Metern im Falle eines Sturzes eine weitere Energiereduzierung. Die Sturzenergie wird durch Dehnung des Kernmantel-Dynamikseiles in Verformungsenergie umgewandelt, im Falle des Halbmastwurfes in Wärmeenergie durch die Reibungsarbeit, welche beim Durchlauf des Seiles durch den Knoten im Karabinerhaken entsteht. Dadurch wird die Restenergie, die auf die stürzende Einsatzkraft einwirkt, auf ein physisch und gesundheitlich tolerierbares Maß reduziert.

„Statische“ und „dynamische“ Sicherung

4.2.1 Sicherungsarten

Bei der Absturzsicherung werden hinsichtlich der Einbindung des Sicherungsmannes in die sogenannte „Sicherungskette“ sowie dem Wirkmechanismus der Absturzsicherung (siehe Kap. 4.2.5) folgende Sicherungsarten unterschieden:

■ Direkte Sicherung

Bei der direkten Sicherung befindet sich die sichernde Feuerwehreinsatzkraft direkt innerhalb der Sicherungskette, d.h. sie ist in diese als „Bestandteil“ der Kette eingebunden und kann ihren Standplatz nicht verlassen. Diese Sicherungsart kommt im Rahmen der Selbstsicherung (Standplatzsicherung) zum Einsatz, z.B. Selbstsicherung mit Feuerwehrhaltegurt oder Selbstsicherungsschlinge eines Integrierten Rettungssystems (IRS) auf einer tragbaren Leiter oder im Rettungskorb einer Drehleiter.

Abb. 57: Beispiele für eine direkte Sicherung: (a) Selbstsicherung (Standplatzsicherung) im Rettungskorb einer Drehleiter mittels Feuerwehrhaltegurt, (b) mittels Haltegurt/ Rettungsschlaufen-Kombination mit Selbstsicherungsschlinge (IRS). Bei beiden Fällen handelt es sich um „Zurückhalten“, eine statische Sicherungsart

Indirekte Sicherung

Im Falle der indirekten Sicherung befindet sich die sichernde Feuerwehreinsatzkraft außerhalb der Sicherungskette, d.h. sie ist nicht in diese eingebunden und kann ihren Standplatz jederzeit verlassen; Beispiel: Sicherung mit Seilbremse (z.B. Halbmastwurfsicherung).

Abb. 58: Beispiel für eine indirekte Sicherung: dynamische Sicherung einer Einsatzkraft, z.B. auf einem Gebäudedach, mittels HMS und Kernmantel-Dynamikseil aus dem Rettungskorb eines Hubrettungsfahrzeuges. Dabei handelt es sich um die Sicherungstechnik „Auffangen“. Die sichernde Einsatzkraft im Rettungskorb hat sich mittels Feuerwehrhaltegurt an einem geeigneten Festpunkt eine Standplatzsicherung eingerichtet (direkte Sicherung)

Statische Sicherung

Bei der statischen Sicherung wird ohne Seilbremse bzw. Falldämpfer gearbeitet, beispielsweise bei der Eigensicherung am Standplatz mit Feuerwehrhaltegurt oder IRS (Kombination Haltegurt/Rettungsschlaufe) mit Selbstsicherungsschlinge zum Zurückhalten vom Absturzbereich.

Eine statische Sicherung darf keinesfalls auf Sturz belastet werden! Da diese Sicherungsart keine Sturzenergie umwandeln und damit reduzieren kann, würde bei einem Sturz in das System die gesamte

Abb. 59: Beispiel für eine statische Sicherung: Selbstsicherung (Standplatzsicherung) auf einer tragbaren Leiter mit Selbstsicherungsschlinge in Verbindung mit einer Haltegurt-/Rettungsschlaufen-Kombination. Anschlagpunkt der Selbstsicherungsschlinge oberhalb des Brusthaltegurtes

Abb. 60: **Achtung:** Der Anschlagpunkt der Selbstsicherungsschlinge (hier Leitersprosse) befindet sich unterhalb des Brusthaltegurtes. Bei Abrutschen von der Leitersprosse besteht die Gefahr eines Sturzes mit dem Faktor 2 ⇨ **Möglichkeit einer schweren Verletzung!**

Abb. 61: Beispiel für eine statische Sicherung: „Rückhalten" auf einem Flachdach mit Selbstsicherungsschlinge in Verbindung mit einer Haltegurt-/Rettungsschlaufen-Kombination (IRS). Verwendung einer Feuerwehr-Halteleine oder eines Statikseils

Sturzenergie im Moment der Straffung des Sicherungsmittels ungemindert auf den Körper der gesicherten Einsatzkraft einwirken.

Beispielsweise darf bei der Selbstsicherung mittels IRS und Selbstsicherungsschlinge auf einer Leiter der Festpunkt der Sicherung (um die Leitersprosse gelegte Selbstsicherungsschlinge) nicht überstiegen werden. Im ungünstigsten Fall wäre hier ein harter Sturz mit dem Faktor 2 in ein statisches System möglich, das keine Sturzenergie umwandeln kann (siehe nachfolgende Kap. 4.2.2 und 4.2.3). Die dadurch entstehende hohe Fangstoßkraft mit Krafteinleitung in einen Brusthaltegurt (IRS) oder Beckengurt (Feuerwehrhaltegurt) hätte schwere Verletzungen zur Folge.

Darum sollte sich der Festpunkt/Anschlagpunkt für die Eigensicherung z.B. auf einer Leiter stets über dem Haltegurt, z.B. in Kopfhöhe bei Einsatz eines IRS mit Selbstsicherungsschlinge oder in Brusthöhe bei Einsatz eines Feuerwehr-Haltegurtes befinden, maximal jedoch auf gleicher Höhe.

Selbstsicherung im Rettungskorb eines Hubrettungsfahrzeuges

Sicherung im Rettungskorb einer Drehleiter

Wie bereits im Teilkapitel „direkte Sicherung" beschrieben, handelt es sich bei der Selbstsicherung im Rettungskorb einer Drehleiter um eine statische Sicherung. Die seit einer Änderung der DIN 14043 – Automatikdrehleitern im Jahr 2010 dafür vorgesehenen Haltepunkte

Abb. 62: Die Haltepunkte für die Selbstsicherung (Standplatzsicherung) im Rettungskorb einer genormten Drehleiter nach DIN 14043 sind nach dieser Norm nur für eine statische Belastung von 100 kg ausgelegt

im Rettungskorb einer Drehleiter sind auch nur für eine derartige statische Belastung ausgelegt. Eine dynamische Sturzbelastung mit der damit einhergehenden höheren Krafteinwirkung auf den Festpunkt ist nicht zulässig und muss daher sicher ausgeschlossen werden!

Die Festpunkte für die Selbstsicherung im Rettungskorb sind für eine statische Lastaufnahme von 100 kg, entsprechend einer Haltekraft von 1,0 kN ausgelegt und zertifiziert. Darum ist auch nur die Standplatzsicherung (Halten/Zurückhalten) mit einem statischen Sicherungssystem (FW-Haltegurt bzw. IRS mit Selbstsicherungsschlinge) zulässig.

Eine dynamische Sicherung (z.B. mit HMS) oder halbstatische Sicherung (z.B. mit einem automatisch blockierenden Sicherungsgerät) an diesen Haltepunkten muss unterbleiben, da hier im Falle eines beginnenden Sturzes bis zum Blockieren des Sicherungsgerätes oder Halten der Fallbewegung mit einer dynamischen Sicherung höhere Kräfte auf diese Haltepunkte einwirken können als die zugelassenen 1,0 kN!

Bei den Haltepunkten in den Rettungskörben anderer Hubrettungsfahrzeuge, wie beispielsweise Teleskopmastfahrzeugen, können durch den Hersteller durchaus höhere Haltekräfte freigegeben sein. Dieser Umstand hängt damit zusammen, dass diese Rettungskörbe für die Aufnahme größerer Lasten (größere Personenzahl im Korb) ausgelegt sind. Daher weisen sie auch eine andere Konstruktion der Korbumrandung auf, in die in diesem Fall über die zertifizierten Haltepunkte eine größere Kraft eingeleitet werden kann.

Die Haltepunkte zur Selbstsicherung (Standplatzsicherung) in den Rettungskörben von genormten Drehleitern dürfen **keiner** dynamischen Belastung ausgesetzt werden, da sie lediglich auf eine statische Traglast von **100 kg** ausgelegt sind! Dies entspricht einer Haltekraft von ca. 1 kN. Bei Stürzen wirken selbst mit dynamischer Sicherung größere Kräfte auf den Anschlagpunkt ein.

Bei Einsatz eines in die Schutzkleidung eingelassenen Haltegurtes mit Selbstsicherungsschlinge (IRS) kann es vorkommen, dass die Selbstsicherungsschlinge bei direktem Einhängen des Handballenkarabiners die Bewegungsfähigkeit der auf diese Weise gesicherten

Abb. 63: Verlängerung des Anschlagpunktes für die Selbstsicherung (Standplatzsicherung) im Rettungskorb einer Drehleiter mittels Bandschlinge

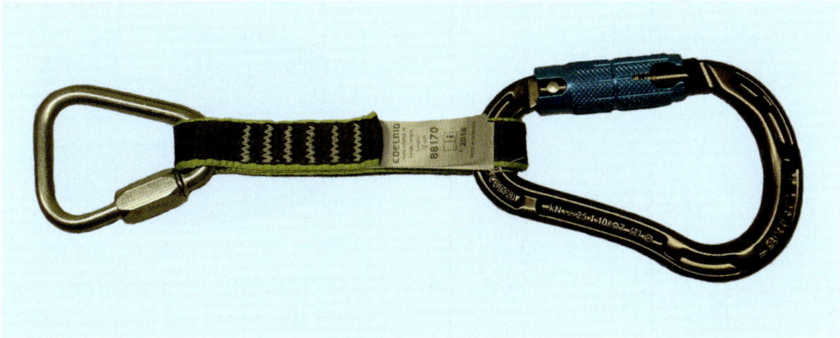

Abb. 64: **Kombination Dreiwegeverschlusskarabiner mit Expressschlinge und Stahlschraubglied zur Verlängerung des Anschlagpunktes**

Einsatzkraft einschränkt. In diesem Fall kann der Anschlagpunkt am Rettungskorb mit einer kurzen Bandschlinge mit einer Länge von 60 cm verlängert werden. Durch Verwendung einer solchen Bandschlinge kann durch Ankerstich, doppelte oder mehrfache Umschlingung des Anschlagpunktes die Länge der Halteverbindung bedarfsgerecht eingestellt werden. Die Länge der Verbindung kann damit so eingestellt werden, dass eine ausreichende Bewegungsfreiheit bei gleichzeitiger Aufrechterhaltung der Haltefunktion gegeben ist. Als gute und schnell zu bedienende Alternative kann eine Kombination aus Dreiwegeverschlusskarabiner nach DIN EN 362 oder DIN EN 12275 („Trilock"), Expressschlinge nach DIN EN 566/DIN EN 354 (aus der alpinen Verwendung) und einem Stahl-Schraubglied (z.B. Maillon Rapide®) eingesetzt werden. Diese Stahl-Schraubglieder weisen eine statische Bruchlast von 400 kg bis über 5000 kg (nach EN 362 und/oder EN 12275 zertifiziert) auf.

Bei Verwendung einer solchen Kombination wird der Dreiwegeverschlusskarabiner direkt in den Haltepunkt des Korbes eingehängt, der Handballenkarabiner der Selbstsicherungsschlinge in das Stahl-Schraubglied.

Dynamische Sicherung

Bei Anwendung der dynamischen Sicherung wird mit einer Seilbremse gearbeitet, die im Falle eines Sturzes die Sturzenergie teilweise in Wärmeenergie (Seilreibung in der Seilbremse) umwandelt und so die auf den Körper einwirkende Sturzenergie reduziert.

Beispiel: Sicherung mit Halbmastwurf. Auch durch die Verwendung eines Falldämpfers (z.B. in Verbindung mit Gerüsthaken) erreicht man bei der Standplatzsicherung eine dynamische Sicherung. Hinzu kommt noch eine Reduzierung der auf den Körper einwirkenden Sturzenergie durch die Dehnung des Kernmantel-Dynamikseils.

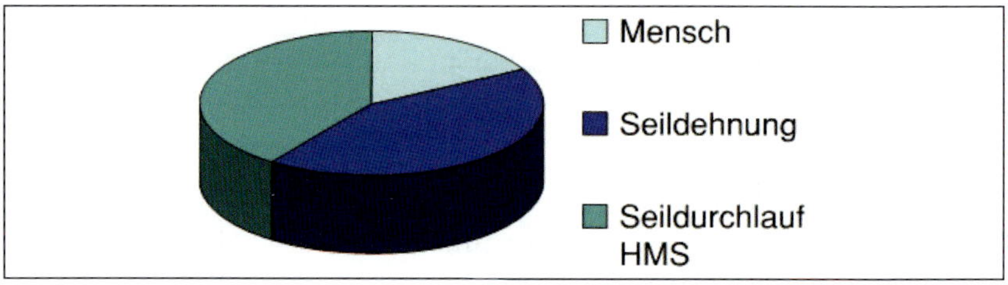

Abb. 65: Schematische Darstellung der Umwandlung der Sturzenergie durch Kernmantel-Dynamikseil und Halbmastwurfsicherung bei einer dynamischen Sicherung

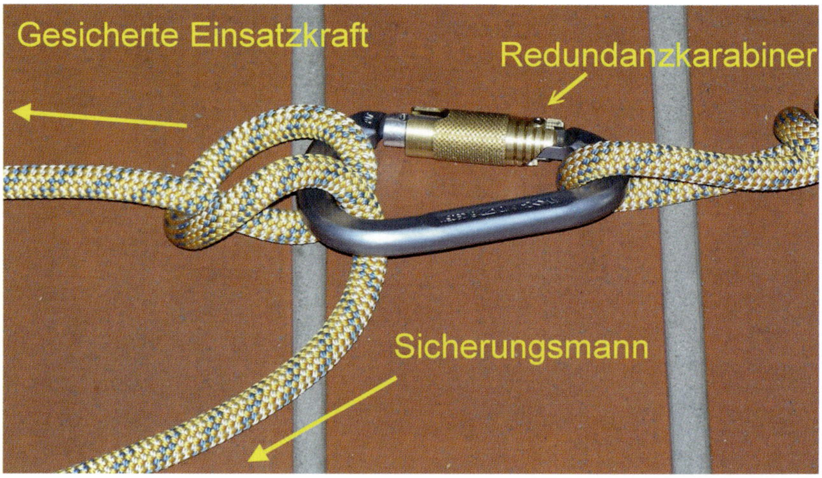

Abb. 66: Halbmastwurfsicherung in HMS-Karabiner. Bei Durchlauf des Seiles im Sturzfall durch den Karabiner erfolgt eine Umwandlung eines Teiles der Sturzenergie in Wärme durch Seilreibung an Karabiner und Reibung des Seilmantels in der Schlaufe des HMS

Fangstoß und Sturzfaktor als Einflussfaktoren

4.2.2 Fangstoß

Ein Mensch, der seine Lage verändert, indem er beispielsweise auf einer Leiter emporsteigt, speichert in sich eine sogenannte Lageenergie (potentielle Energie). Diese wird bei einem Sturz wieder in Form der Bewegungsenergie (kinetische Energie) während des Falls frei.

Diese Lageenergie bzw. Bewegungsenergie wird im Falle eines Sturzes teilweise durch das Sicherungsseil aufgenommen und auf die beiden Seilenden übertragen. Ein Teil dieser Sturzenergie wird durch die Dehnung des Sicherungsseiles in Verformungsarbeit umgewandelt und wirkt sich damit nicht auf die Sicherungskette aus. Der Rest der Sturzenergie wird auf die Seilenden und damit einerseits auf den Auffanggurt mit der darin befindlichen Einsatzkraft und andererseits auf die Seilbremse (z.B. Halbmastwurf in HMS-Karabinerhaken) und damit auf den Anschlagpunkt der Seilbremse und die Haltehand der sichernden Einsatzkraft übertragen.

Die Kraft, die am Ende der Seildehnung auf diese beiden Punkte einwirkt, nennt man **Fangstoß**. Die Fangstoßkraft erreicht am Ende der Seildehnung ihren maximalen Wert.

Erfolgt die Sicherung mit einem statischen System, z.B. Selbstsicherung mit einem Feuerwehrhaltegurt an einem Anschlagpunkt, erreicht die Fangstoßkraft sehr schnell ihren maximalen Wert, da keinerlei Sturzenergie in andere Energie (z.B. Wärme, Verformungsarbeit) umgewandelt werden kann. Der Sturz wird in diesem Fall „hart", auch deshalb, weil der auftretende Fangstoß in diesem Fall durch den Feuerwehrhaltegurt an einer einzigen Stelle des Körpers (hier Becken und Lendenwirbelsäule) eingeleitet wird. Im Falle der Verwendung eines IRS, bestehend aus einer Haltegurt/Rettungsschlaufen-Kombination mit einer Selbstsicherungsschlinge (nur sehr geringe Dehnung) wäre das durch die Lage des Haltgurtes im Brustbereich der Brandschutzjacke der Brustkorb. Eine mögliche Folge wären schwere Verletzungen, z.B. durch Rippenfrakturen.

Der Fangstoß ist die am Ende der Seildehnung auftretende Kraft, die auf die Elemente der Sicherungskette und damit auf die stürzende Einsatzkraft und auf den Anschlagpunkt des Sicherungsmittels (z.B. Selbstsicherungsschlinge) oder der Seilbremse (z.B. Halbmastwurfsicherung) einwirkt.

Bei der Verwendung eines Auffang- Halte- und Sitzgurtes (nach DIN EN 361, DIN EN 358 und DIN EN 813) mit breiten und gepolsterten Bein- und Beckengurten wird die Sturzenergie, welche auf die stürzende Einsatzkraft wirkt, großflächig in den Körper eingeleitet, wodurch schwerwiegende Verletzungen vermieden werden können. Ziel der Absturzsicherung ist es, den Fangstoß so gering als möglich zu halten, um die Krafteinwirkung auf den Körper und damit auch Verletzungsrisiko und Verletzungsschwere für die stürzende Einsatzkraft zu verringern.

Die zulässige Fangstoßgröße der für den Gerätesatz Absturzsicherung verwendeten Kernmantel-Dynamikseile beträgt maximal 10 kN. Somit wird gewährleistet, dass die maximal mögliche Fangstoßgröße einen erträglichen Wert einhält, da Kräfte bis zu 10 kN für die kurze Zeit des Sturzes (< 1 Sekunde) vom menschlichen Körper durchaus aufgenommen werden können. Allerdings ist die Relevanz der Fangstoßgröße in der Praxis der Absturzsicherung eher gering, da diese durch den Seildurchlauf in der Seilbremse (z.B. Halbmastwurfsicherung in HMS-Karabiner) nochmals erheblich reduziert wird.

Die Größe des Fangstoßes ist vor allem vom Gewicht der stürzenden Einsatzkraft, der angewandten Sicherungsmethode, der Sturzhöhe und dem Sturzfaktor abhängig.

Durch die verwendeten Sicherungstechniken verbunden mit den hochwertigen Materialien sind bei fehlerfrei ausgeführter Sicherung Fangstöße im Bereich von maximal ca. 8 kN zu erwarten.

4.2.3 Sturzfaktor

Das Maß für die Härte eines Sturzes wird vom sogenannten „Sturzfaktor“ bestimmt. Damit hat dieser auch Einfluss auf Folgen und Verletzungsschwere infolge des Sturzes. Weiterhin ist von der Größe des Sturzfaktors auch die Belastung der Sicherungskette abhängig, insbesondere dem Festpunkt auf der einen und der stürzenden Einsatzkraft auf der anderen Seite. Der Sturzfaktor ist eine dimensionslose Zahl und errechnet sich aus der Sturzhöhe und der ausgegebenen Seillänge, gemessen ab der Seilbremse (z.B. HMS-Karabinerhaken) bis zur Einbindeöse des Auffanggurtes der gesicherten Einsatzkraft.

$$\text{Sturzfaktor}_f = \frac{\text{Sturzhöhe}_h}{\text{Ausgegebene Seillänge}_l}$$

Je größer der Sturzfaktor, desto härter der Sturz und desto größer sind Verletzungsgefahr und Verletzungsschwere. Aus diesem Zusammenhang ergibt sich, dass der Sturzfaktor umso kleiner ist, je kleiner die Sturzhöhe und/oder je länger die ausgegebene Seillänge (ab der Seilbremse, z.B. Halbmastwurfsicherung) ist.

Die Größe des Sturzfaktors kann durch verschiedene organisatorische, technische und taktische Maßnahmen verringert werden, beispielsweise durch den Einsatz von Zwischensicherungen (siehe auch Abb. 67). In Verbindung mit einer möglichst großen Seillänge zwischen Sicherungspunkt mit Seilbremse (z.B. Halbmastwurf) und der gesicherten Einsatzkraft kann so die Härte des Sturzes und die Schwere der Verletzungen im Falle eines Sturzes klein gehalten werden. Durch den Einsatz von Zwischensicherungen lässt sich sowohl im senkrechten als auch im waagrechten Vorstieg die mögliche Sturzhöhe (bzw. eigentlich treffender Sturztiefe) begrenzen.

Durch eine möglichst große Seillänge zwischen der Seilbremse (z.B. HMS) und der gesicherten Einsatzkraft ergibt sich eine lange Seildehnungsstrecke.

Unberücksichtigt bleiben hierbei jedoch die Verletzungen durch Anprallen am Einsatzobjekt oder anderen Strukturen infolge des Sturzes.

Beispiele für Sturzfaktoren

Die folgenden Sturzfaktoren ergeben sich aus einer angenommenen ausgegebenen Seillänge von 4,00 m, gemessen zwischen der Seilbremse (z.B. Halbmastwurfsicherung) und der gesicherten Einsatzkraft. Durch das insbesondere zu Beginn des Vorstieges notwendige engmaschige Legen von Zwischensicherungen (z.B. um Festpunkte herumgeschlagene Bandschlingen mit Karabinerhaken) kann die Sturzhöhe begrenzt werden.

Der Sturzfaktor kann theoretisch einen Wert von 2 annehmen. Durch den konsequenten Einsatz von Zwischensicherungen und möglichst großen Seillängen zwischen Seilbremse und gesicherter Einsatzkraft lässt sich in der Feuerwehr-Einsatzpraxis ein Maß zwischen minimal 0 und maximal 1,76 erreichen.

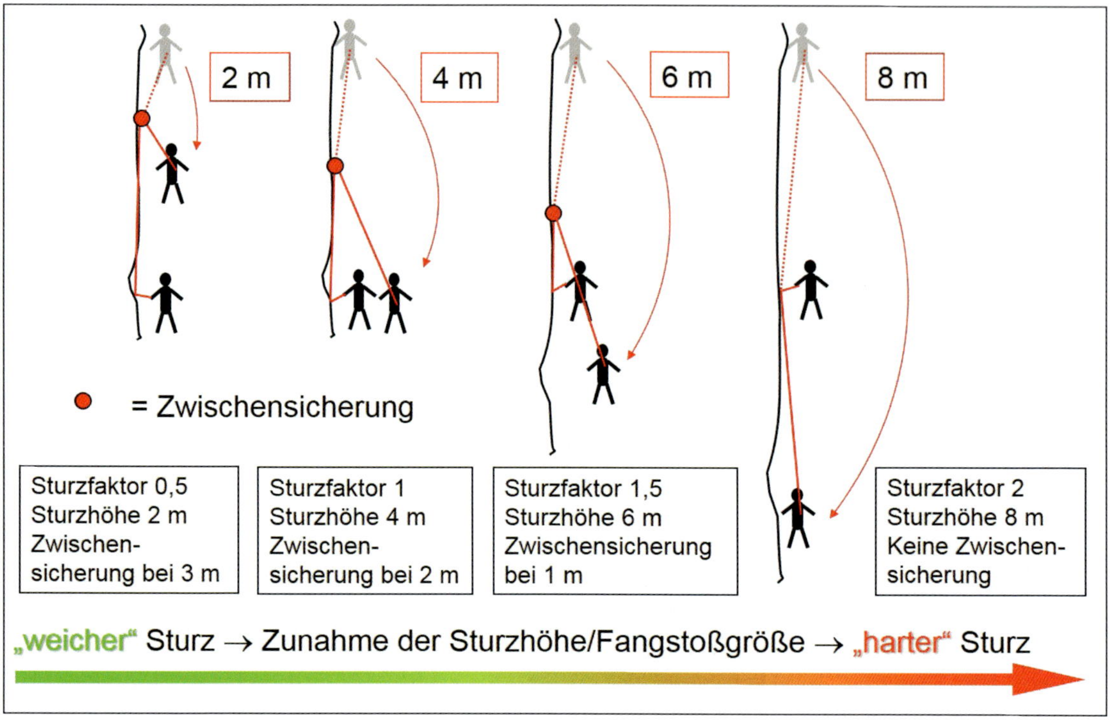

Abb. 67: Beispiele für Sturzfaktoren

Festpunkte/
Anschlagpunkte

4.2.4 Festpunkte

Der Auswahl der geeigneten Festpunkte als Anschlagpunkte für die Absturzsicherung muss bei Übungen und Einsätzen große Aufmerksamkeit geschenkt werden. Festpunkte für den Einsatz der Absturzsicherung müssen eine Tragkraft von mindestens 10 kN aufweisen, eine Traglast von 22 kN ist als Ideallösung anzustreben, jedoch an den Einsatzstellen der Feuerwehr meistens nicht realisierbar.

Da die Auswahl der geeigneten Festpunkte für den Anschlag der Absturzsicherung im Einsatz insbesondere unter Zeitdruck eine schwierige Angelegenheit ist, sollen hier einige Beispiele aus der Praxis dargestellt werden.

Soweit möglich, sollten vornehmlich Festpunkte als Anschlagpunkte herangezogen werden, deren Traglast bereits bekannt ist, z.B. Fahrzeugschäkel an einem Hubrettungsfahrzeug.

Hinweis: die folgende Darstellung der verwendbaren Anschlagpunkte erhebt keinesfalls den Anspruch auf Vollzähligkeit und ersetzt **nicht** die genaue Prüfung der vor Ort verfügbaren Festpunkte auf ausreichende Stabilität durch den verantwortlichen Einsatz- bzw. Übungsleiter! Sie sollen lediglich als Anhaltspunkt und Denkanstoß dienen, um sich mit dieser Thematik eingehender zu befassen.

Als Festpunkte können beispielsweise verschweißte Treppengeländer an oder in Gebäuden, Dachbalken, Dachleitern, Stahlträger innerhalb baulicher Anlagen, Sprossen, Holme und Befestigungen von Leitersystemen, Anschlagschäkel von Feuerwehrfahrzeugen oder Standsockel von Baukränen dienen. Erscheint ein Festpunkt hinsichtlich der Stabilität nicht ausreichend, kann die Last auf mehrere Festpunkte aufgeteilt werden. Diese werden dann mit Bandschlingen und Karabinern verbunden. Dafür wird entweder ein Bandschlingenstrang eingedreht und dann der Karabiner der Seilbremse (z.B. Halbmastwurfsicherung) in die entstehende Schlaufe eingehängt oder die Bandschlinge mit einem Achterknoten abgebunden. Hierdurch besteht im Falle des Versagens eines Festpunktes bei einem Sturz der gesicherten Einsatzkraft eine Rückfallebene durch den zweiten Festpunkt.

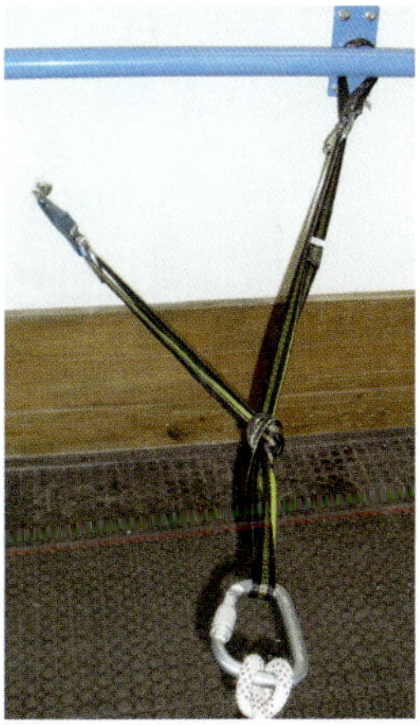

Abb. 68: Abgebundene Bandschlinge zum Zusammenfassen von zwei Festpunkten

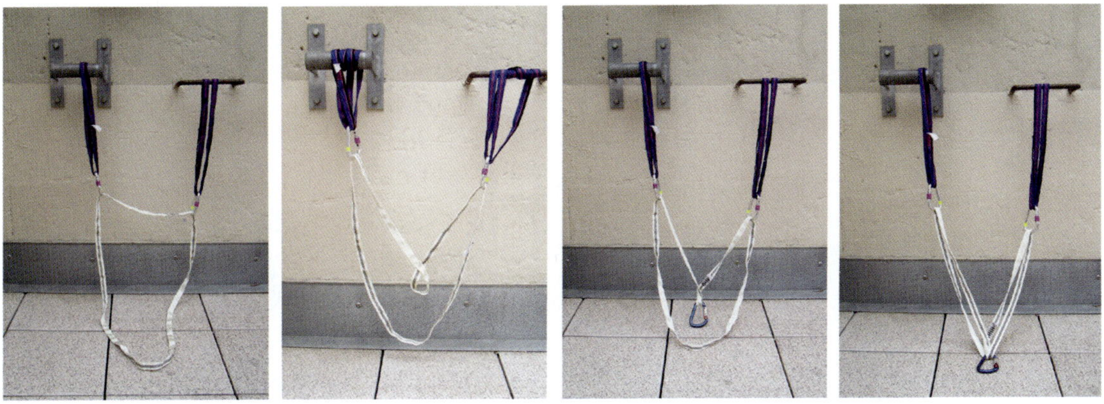

Abb. 69: Beispiel für das Verbinden zweier Festpunkte durch Eindrehen einer Bandschlingenhälfte und Einhängen eines HMS-Karabiners in die entstehende Schlaufe

Abb. 70: Sekurant (Anschlagpunkt nach EN 795 A) als Festpunkt in Verbindung mit einem mittels Betongewichten beschwerten Montageständer einer Solaranlage auf einem Flachdach (Richtungsumlenkung für Seil)

Abb. 71: Anschlagpunkte im Dachbereich einer Lagerhalle in Form einer Aufstiegsleiter und Sekurant im Bereich des Dachausstieges

Abb. 72: Dachsparren innerhalb eines nicht gedämmten /thermoisolierten Dachstuhles als Anschlagpunkt für eine Zwischensicherung

Abb. 73: Dachpfosten im Dachinneren als Anschlagpunkt für die Seilbremse (z.B. Halbmastwurfsicherung)

Türanker als Anschlagpunkt für die Halbmastwurfsicherung

Festpunkte/
Anschlagpunkte

Bieten sich beim Einsatz, z.B. bei der Sicherung von Einsatzkräften auf einem Gebäudedach, keine geeigneten Anschlagpunkte für die Halbmastwurfsicherung oder erscheinen die gegebenen Festpunkte nicht stabil genug, besteht noch die Möglichkeit der Nutzung von Türzargen bzw. des die Türzarge umfassenden Mauerwerks.

Für diesen Zweck werden Türanker aus Metall angeboten, welche sich in der Länge an unterschiedliche Türbreiten anpassen lassen. Durch verstellbare Anschläge kann der Türkanker innerhalb der Zarge verspannt werden. Dadurch wird bei Lastwechseln während der Sicherungsarbeiten ein Verrutschen und damit die Gefahr des Durchbrechens durch die Türöffnung verhindert.

Man kann sich jedoch einen solchen Türanker auch aus einem Holzbalken selbst vorbereiten oder im Falle eines Einsatzes schnell herstellen.

Dazu ist bei einer durchschnittlichen Türbreite zwischen 80 – 90 cm ein Kantholz mit den Abmaßen von 12 x 15 cm als ausreichend anzusehen.

Dieses wird auf die entsprechende Länge gekürzt, wobei zu berücksichtigen ist, dass das Kantholz auf jeder Seite der Türe 30 – 40 cm

Abb. 74: Kantholz als Behelfstüranker. Als Kantenschutz für die Bandschlinge bzw. das Seil bei Direktanschlag mittels Mastwurf sollte eine Wolldecke oder ähnliches angebracht werden

Abb. 75: Sicherung des Kantholzes gegen Verrutschen durch das Einschlagen von Bauklammern

am Mauerwerk anliegt, um die auftretende Kraft im Falle des Auffangens eines Sturzes möglichst großflächig sicher auf das Mauerwerk übertragen zu können.

Darüber hinaus sollte das Kantholz nach dem Anbringen der Bandschlinge bzw. des Mastwurfs auf dem Boden abgelegt werden.

Gegen seitliches Verschieben kann das Kantholz durch das Einschlagen von Bauklammern in das Kantholz gesichert werden.

Verlängerung des Anschlagpunktes

Ist der Bewegungsbereich der vorgehenden, gesicherten Einsatzkraft von dem durch den Sicherungsmann ausgewählten Anschlagpunkt aus nicht einsehbar, muss dieser ggf. den Festpunkt soweit „verlängern", bis der Blick- und Rufkontakt zur gesicherten Einsatzkraft möglich ist.

Abb. 76: Verlängerung des Anschlagpunktes mittels zweier Leinen. Als Anschlagpunkt dient hier ein Fahrzeugschäkel

Dafür kann beispielsweise das Sicherungsseil am Festpunkt angeschlagen werden, anschließend wird an entsprechender Stelle an der Sichtkante ein Achterknoten ins Seil eingeknotet und in die entstandene Schlaufe die Seilbremse (z.B. Halbmastwurf in HMS-Karabiner) eingelegt. Eine andere Möglichkeit ist die Verwendung zweier separater Seile/Leinen für Sicherung und Festpunktverlängerung/ Standplatzsicherung.

4.2.5 Sicherungskette

Aufbau und Bestandteile der „Sicherungskette“

Um einen Sturz in der Senkrechten bzw. einen Pendelsturz bei einem horizontalen Vorstieg möglichst sicher auffangen zu können und einen unkontrollierten Absturz der gesicherten Einsatzkraft zu verhindern, wird eine so genannte dynamische Sicherung (siehe Kap. 4.2.1, Abschnitt Dynamische Sicherung) benötigt. Diese besteht im Wesentlichen aus den Bestandteilen HMS-Karabinerhaken, Halbmastwurf als Sicherungsknoten, Kernmantel-Dynamikseil und Auffang-, Halte- und Sitzgurt. Eine weitere Variante der Seilbremse ist die Verwendung eines halbstatisch oder statisch wirkenden Sicherungsgerätes, in diesem Fall muss aber noch ein Bandfalldämpfer (siehe Kap. 2.6) zwischen Sicherungsseil und Auffanggurt der gesicherten Einsatzkraft angebracht werden. Solche Systeme werden bereits fertig konfektioniert von manchem Hersteller angeboten.[11]

Um die richtige Funktion des Gerätesatzes Absturzsicherung zu gewährleisten, müssen die einzelnen Bestandteile in einer bestimmten Reihenfolge zusammengefügt werden, der sogenannten „Sicherungskette“. Dafür muss zunächst ein geeigneter Festpunkt ausgewählt werden, der den zu erwartenden Kräften im Falle eines Sturzes standhält. Die Grundvariante der Sicherungskette besteht in der Reihenfolge ihres Aufbaus vom Festpunkt (Anschlagpunkt) bis zur gesicherten Einsatzkraft aus:

- Festpunkt, mit ausreichender Stabilität und Tragkraft
- Bandschlinge als Anschlagmittel
- HMS-Karabinerhaken für die Halbmastwurfsicherung
- Halbmastwurf als Sicherungsknoten
- Kernmantel-Dynamikseil als Sicherungsseil
- Achterknoten als Einbindeknoten am Auffang- und Sitzgurt
- Auffang- Halte- und Sitzgurt für eine großflächig verteilte Einleitung der Fangstoßkraft in den Körper (im Falle eines Sturzes)

Hinweis: Jede Kette ist nur so stark wie ihr schwächstes Glied!

Bei Bedarf kann diese Sicherungskette durch Zwischensicherungen in Form von Bandschlingen ergänzt werden. Alle Bestandteile der Si-

[11] Z.B. Führungsseil Lory® der Fa. Haberkorn, Österreich

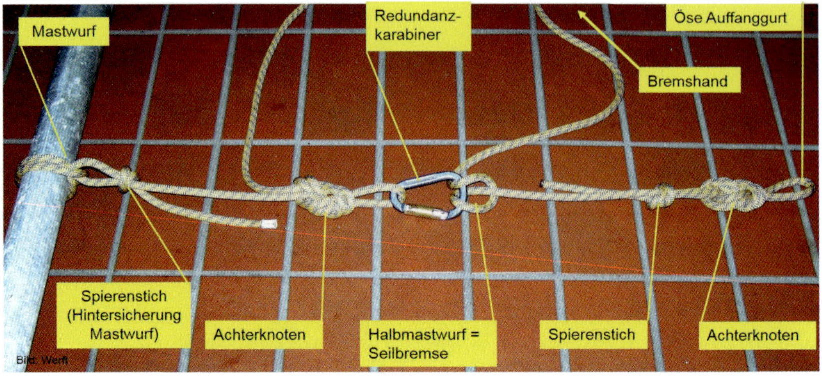

Abb. 77: **Beispiel für die Ausführung einer Sicherungskette mit Anschlagen des Kernmantel-Dynamikseils direkt am Festpunkt**

cherungskette müssen auf eine Mindesttragkraft von 22 kN ausgelegt sein. Das lässt sich durch die Verwendung von genormten Komponenten erreichen (siehe Normentabelle in Kapitel 1.2)

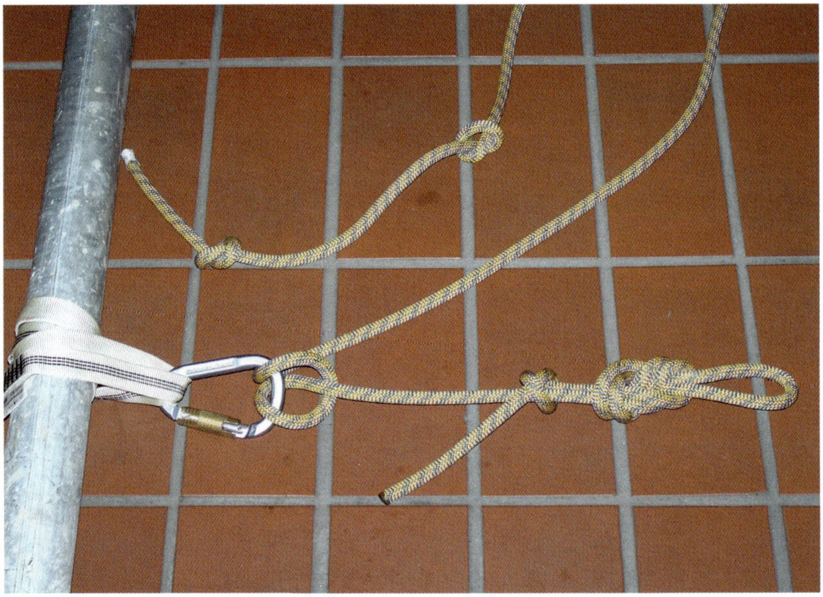

Abb. 78: **Aufbau der Sicherungskette in vereinfachter Form: Anschlagen des HMS-Karabiners mit HMS mittels Bandschlinge direkt am Festpunkt. Am Seilende müssen zwei Endknoten in Form eines Sackstiches eingebunden werden, um einen unkontrollierten Durchlauf des Seilendes durch den HMS zu verhindern**

Die Sicherungskette bewirkt durch das Zusammenwirken ihrer einzelnen Bestandteile eine dynamische Sicherung, d.h. im Falle eines Sturzes der gesicherten Einsatzkraft wird der Sturz kontrolliert aufgefangen und nach einer bestimmten Fallstrecke abgebremst.

Alternative Verbindungsmöglichkeiten zwischen Kernmantel- Dynamikseil und Auffanggurt

Anstelle eines gesteckten Achterknotens als sichere Verbindung zwischen Kernmantel-Dynamikseil und Auffanggurt sind folgende Alternativen möglich:

- Verbindung mit zwei gegenläufig eingehakten Karabinerhaken mit automatischer Verschlusssicherung (Dreiwegeverschluss),
- Verbindung mittels Stahlkarabiner mit automatischer Verschlusssicherung (Dreiwegeverschluss),
- Verbindung durch einen Spezialkarabiner mit höherer Bruchfestigkeit Querbelastungsrichtung (z.B. OMNI-Triact-Karabiner von PETZL).

Diese alternativen Verbindungsmöglichkeiten sind insbesondere unter Stressbedingungen und bei geringer Übungspraxis in der Knotenanwendung bedienungsfreundlicher anzuwenden.

Achtung: die oben aufgeführten Anwendungen bergen das Risiko, dass die gesicherte Einsatzkraft in bestimmten Situationen (z.B. bei Auftreten von Hindernissen auf einem Dach) die Karabiner aus ihrem Auffanggurt aushängt und vergisst, diese nach Überwindung des Hindernisses wieder einzuhängen. Darum ist eine derartige Anwendung sogfältig abzuwägen!

Verbindung mit zwei gegenläufig eingehakten Karabinerhaken

Bei dieser Verbindungsmöglichkeit werden zwei gegenläufig in eine Seilschlaufe eingehängte (bzw. in einer Seilkausche eingenähte) Karabiner mit automatischer Verschlusssicherung (Drehhülsenverschluss oder Dreiwegeverschluss) in die Einbindeöse des Auffang-

Abb. 79: Verwendung zweier gegenläufig eingehängter Karabiner als Verbindung zwischen Sicherungsseil und Auffanggurt

Abb. 80: Verdrehsicher eingenähter Stahlkarabiner mit automatischer Verschlussverriegelung als Verbindung zwischen Sicherungsseil und Auffanggurt

gurtes eingehakt. Durch die Verwendung zweier parallel liegender Karabiner wird der Bruch der Karabiner bei Querbelastung im Moment des Fangstoßes verhindert (Redundanzprinzip). Die Energie des Fangstoßes verteilt sich auf die beiden Karabiner, der Bruch beider Karabiner bei Querbelastung im Moment des Fangstoßes ist nahezu ausgeschlossen.

Verbindung mittels Stahlkarabiner mit automatischer Verschlusssicherung

Die zweite Alternative zum Achterknoten ist die Verbindung des Sicherungsseils mit dem Auffanggurt durch einen Stahlkarabiner mit automatischer Verschlusssicherung (Dreiwegeverschluss). Durch die materialbedingt größere Bruchfestigkeit in allen Belastungsrichtungen wird eine sichere Verbindung des Seiles zum Auffanggurt erreicht. Hierbei ist die Öse des Stahlkarabiners in eine Seilkausche eingenäht.

Verbindung durch einen Spezialkarabiner mit erhöhter Bruchfestigkeit in Querbelastungsrichtung

Eine dritte Alternative zum Achterknoten als Verbindung zwischen Sicherungsseil und Auffanggurt ist die Verwendung eines halbrunden nach allen Richtungen belastbaren Karabiners (z.B. OMNI-Triact-Karabiner von PETZL) mit Dreiwegeverschluss. Diese Karabiner weisen eine erhöhte Bruchfestigkeit ($\geq$ 15 kN) insbesondere in Querbelastungsrichtung auf. Erreicht wird dies u. a. durch eine Verstärkung des selbstschließenden Klinkenverschlusses. Die Karabiner können in eine vorbereitete Achterschlaufe oder in eine herstellerseitig ins Seilende eingenähte Seilkausche eingehakt werden.

Abb. 81: Halbrunder in alle Richtungen belastbarer Karabiner als Verbindung zwischen Sicherungsseil und Auffanggurt

Alternative Ausführungen von Seilbremsen

Verwendung einer vorinstallierten Seilbremse

Zur Erleichterung der praktischen Anwendung des Gerätesatzes Absturzsicherung lässt sich der Halbmastwurfsicherungsknoten im Halbmastwurfkarabiner als Seilbremse in der Sicherungskette durch eine einsatzbereit vorinstallierte Seilbremse ersetzen. Hierfür bestehen zwei Möglichkeiten:

- Verwendung eines Abseilachters als Seilbremse
- Verwendung eines selbstblockierenden Sicherungsgerätes

Einsatz eines Abseilachters als Seilbremse

Bei dieser Lösung wird das Sicherungsseil mit einem Halbmastwurfknoten durch das große Auge eines handelsüblichen und vielfach bewährten Abseilachters eingefädelt.

Das geschlossene Seilbremsensystem verhindert Fehler beim Einlegen des Sicherungsseiles und Verriegelungsfehler, wie sie bei der Verwendung von Halbmastwurf-Karabinern niemals ganz auszuschließen sind.

Die Sicherung des Seilendes gegen unbeabsichtigtes Durchlaufen durch die Seilbremse erfolgt mittels zweier Endknoten (Sackstich) oder einer eingeknoteten Metallscheibe.

Der Vorteil dieses von der Fa. Bornack entwickelten Systems besteht in der nahezu 100%igen Sicherheit, welche durch die Einsparung von Halbmastwurfkarabiner und eingelegtem HMS erzielt wird. Ein Nachteil dieses Systems besteht darin, dass nach komplett ausgegebener Seillänge das Seil wieder auf seiner gesamten Länge durch den Abseilachter zurückgefädelt werden muss.

Einsatz eines selbstblockierenden Sicherungsgerätes

Anstelle einer Halbmastwurfsicherung (in Halbmastwurf-Karabiner oder Abseilachter) lässt sich auch ein selbstblockierendes Sicherungs- und Abseilgerät als Seilbremse einsetzen. Im Falle eines Sturzes blockiert das Sicherungsgerät automatisch das durchlaufende Seil und verhindert so einen Absturz der gesicherten Einsatzkraft. Das Sicherungsgerät wird analog dem Halbmastwurfkarabiner als Seilbremse an einem geeigneten Festpunkt angeschlagen. Der Sicherungsmann befindet sich auch bei dieser technischen Variante außerhalb der Sicherungskette (indirekte Sicherung). Der Nachteil des fehlenden

Abb. 82: Selbstblockierendes Sicherungs- und Abseilgerät „Lory®" (Foto: Skylotec)

Seildurchlaufes durch das Sicherungsgerät im Sturzfall, durch das weniger Sturzenergie als bei einer Halbmastwurfsicherung abgebaut werden kann, lässt sich durch die Installation eines Bandfalldämpfers zwischen Seilende und Anschlagkarabiner (Dreiwegeverschlusskarabiner) kompensieren. Dieser ersetzt die fehlende Energieumwandlung (Reibungswärme) des HMS durch definiertes Aufreißen im Sturzfall, hierdurch wird ein Teil der Sturzenergie in Verformungsarbeit umgewandelt[12]. Dieses System stellt aus Sicht des Autors eine gute Alternative zum Halbmastwurf als Bremsknoten dar. Es ist fertig montiert und an der Einsatzstelle sofort einsatzklar. Da es komplett ohne Knoten anwendbar ist, ist es in der Handhabung leichter bedienbar.

4.3 Einsatzgrundsätze bei der Durchführung von Sicherungstätigkeiten in absturzgefährdeten Bereichen

Einsatzgrundsätze bei Durchführung der Absturzsicherung

4.3.1 Aufgaben von Sicherungsmann und Einheitsführer

Um die Sicherheit und einen geordneten Einsatz beim Einsatz des Gerätesatzes Absturzsicherung zu gewährleisten, haben sowohl der für den Einsatz verantwortliche Einheitsführer als auch der Sicherungsmann ihre jeweiligen Zuständigkeitsbereiche und Verantwortungsbereiche. Somit ist die Gesamtverantwortung für die sichere

[12] Dieses System wird unter dem Namen „Führungsseil Lory" von der Fa. Haberkorn in Freistadt/Österreich u. a. mit einer Seillänge von 60 m vertrieben.

Abarbeitung des Einsatzes auf mehrere Einsatzkräfte verteilt. Die primäre Verantwortung für die Durchführung der Sicherungsarbeiten trägt jedoch der Sicherungsmann er muss seine gesamte Aufmerksamkeit und Konzentration auf die Sicherung der im absturzgefährdeten Bereich tätigen Einsatzkraft richten. Der Sicherungsmann darf sich keinesfalls durch äußere Störeinflüsse von seiner Aufgabe ablenken lassen.

Der Einheitsführer wiederum hat dafür zu sorgen, dass der Sicherungsmann sein gesamtes Augenmerk auf die Durchführung dieser Aufgabe richten kann, d.h., er achtet auch darauf, dass diesem keinerlei Zusatzaufgaben, auch nicht von einer übergeordneten Führungsebene, übertragen werden.

Außerdem ist vom Einheitsführer darauf zu achten, dass Sicherungsmann und gesicherte Einsatzkraft die Vorbereitungen für ihre Aufgaben selbstständig und frei von äußeren Störeinflüssen durchführen können.

Hierbei hat er insbesondere zu gewährleisten, dass sich andere Kameraden oder Kollegen nicht in die Vorbereitungen einmischen. Je mehr Personal in die Vorbereitungen involviert ist oder unaufgefordert „mithilft“, desto unübersichtlicher kann letztendlich die Lage werden, wodurch die Gefahr des Auftretens von Fehlern steigt.

Achtung: Sicherungsmann und gesicherte Einsatzkraft bilden einen Trupp und arbeiten ihren Einsatzauftrag gemeinsam ab. Während der Abarbeitung ihres Einsatzauftrages ist der Sicherungsmann einzig für die Durchführung der Absturzsicherung verantwortlich, ihm darf keinerlei andere Tätigkeit neben der Sicherungsarbeit übertragen werden!

Aufgaben und Pflichten Sicherungsmann

Aufgaben des Sicherungsmannes

Der Sicherungsmann hat folgende Aufgaben, für deren korrekte Ausführung er die Verantwortung trägt:

- Kontrolle des Anschlagpunktes auf Eignung
- Aufbau der Sicherungskette
- Einbinden der zu sichernden Einsatzkraft in das Sicherungsseil

- Kontrolle der Sicherheit (Verschluss aller Gurtschnallen, korrekte Ausführung des Achterknotens, Kontrolle der PSA des Vorsteigers auf Vollständigkeit)
- Kontrolle der Sicherungskette auf korrekte Ausführung
- Einlegen des Sicherungsseils in die Seilbremse (z.B. Halbmastwurfsicherung)
- Funktionskontrolle der Seilbremse

Aufgaben des Einheitsführers

Aufgaben und Pflichten Einheitsführer

Der Einheitsführer (Gruppen- bzw. Staffelführer) hat folgende Aufgaben bzw. Verantwortungsbereiche:

- Auswahl der Sicherungsvariante
- Auswahl der geeigneten Einsatzkräfte für die Aufgabe der Sicherung und der Rolle der in den absturzgefährdeten Bereich vorgehenden Einsatzkraft
- Auswahl eines geeigneten Anschlagpunktes für die Seilbremse (z.B. HMS)
- Festlegung und Vorbereitung eines geeigneten Rettungskonzeptes für die gesicherte Einsatzkraft im Falle eines Sturzes
- Bereitstellung von Reservekräften und ggf. Nachalarmierung von Sicherungs- u. Rettungskräften (weitere Feuerwehren mit Ausbildung im Bereich Absturzsicherung bzw. nächstgelegene Höhenrettungsgruppe oder Einheit der Bergwacht)
- Permanente Überwachung der Sicherheit des Einsatzes aus geeigneter Beobachtungsposition, ggf. Einschreiten bzw. Stoppen der Arbeiten bei gefährlichen Situationen (Sicherheitsaufsicht)

4.3.2 Aufgaben der gesicherten vorgehenden Einsatzkraft

Aufgaben und Pflichten gesicherte Einsatzkraft

In die Verantwortlichkeit der in den absturzgefährdeten Bereich vorgehenden Einsatzkraft fallen folgende Tätigkeiten:

- Absprache mit dem Sicherungsmann über beabsichtigte Bewegungsrichtung bzw. Richtungsänderungen
- Kontrolle der Seilspannung auf Schlappseil, ggf. Korrekturhinweis an Sicherungsmann
- Ggf. Legen von Zwischensicherungen im entsprechenden Abstand zur Verminderung der Sturzstrecke
- Einhalten eines geraden Seilverlaufs durch die gesetzten Zwischensicherungen

- Aufrechterhaltung der Sicht- u. Sprechverbindung zum Sicherungsmann
- Verständigung mit Sicherungsmann in klaren und unmissverständlichen Kommandos
- Seilschonendes Arbeiten durch weitgehende Vermeidung von Scharfkantenbelastungen und Reibungseinflüssen auf das Sicherungsseil

Achtung: Sicherheit geht vor Schnelligkeit! Alle Tätigkeiten im absturzgefährdeten Bereich sind mit maximaler Konzentration, Ruhe und Besonnenheit durchzuführen! Dieser Grundsatz sollte stets beachtet werden.

4.3.3 Sicherungsgrundsätze

Die nachfolgend aufgeführten Sicherungsgrundsätze stellen Handlungsstandards dar, welche im Sinne der Unfallverhütung bei der Durchführung von Sicherungstätigkeiten unbedingt einzuhalten sind:

- **Immer Festpunktsicherung** an ausreichend dimensioniertem Anschlagpunkt
- Grundsätzlich Durchführung einer dynamischen Sicherung, wenn ein Absturz mit freiem Fall nicht ausgeschlossen werden kann
- Generelles Tragen von geeigneten Handschuhen zur Durchführung der Sicherungstätigkeit
- Abstand der Haltehand zum HMS-Karabiner mindestens 50 cm (sonst Gefahr der Einklemmung von Fingern im Falle eines Sturzes infolge des Seildurchlaufs durch den Karabiner!)
- Grundsätzlich beide Hände am Seil, eine Haltehand und eine Führungshand
- Seilausgeben und Seileinholen immer mit beiden Händen gleichzeitig
- Permanenter Sichtkontakt zwischen Sicherungsmann und gesicherter Einsatzkraft
- Aufrechterhaltung des Sprechkontaktes zwischen den beiden Truppmitgliedern und der Sicherheitsaufsicht (ggf. Einsatz von Funk)

- Kontrolle aller Gurtschnallen und Karabiner auf ordnungsgemäßen Verschluss sowie der Knoten durch den Sicherungsmann vor Ausstieg der gesicherten Einsatzkraft in den absturzgefährdeten Bereich (Kontrolle der gesamten Sicherungskette auf korrekten Aufbau und richtige Funktion)

4.3.4 Handhabung der Halbmastwurfsicherung durch den Sicherungsmann

Bedienung des Halbmastwurfes

Die Halbmastwurfsicherung muss unter Einsatz beider Hände durchgeführt werden. Eine Hand dient hierbei als Haltehand, welche das Sicherungsseil im Falle eines Sturzes fest greift und damit die bremsende Funktion des HMS ermöglicht. Dabei kommt es zu einem kontrollierten Seildurchlauf durch den HMS-Karabiner. Durch die dabei entstehende Reibung zwischen Seil und Karabiner einerseits und der Reibung des Seilmantels im Knotenverlauf andererseits wird ein Teil der Sturzenergie in Wärme umgewandelt.

Die zweite Hand dient als Führungshand, um das Seilausgeben während der Vorwärtsbewegung der gesicherten Einsatzkraft zu erleichtern. Gleichzeitig fungiert diese Hand sozusagen als Sensor, über welchen ein Sturz ins Seil durch die plötzlich ansteigende Seilspannung erfühlt werden kann. Dadurch kann die Reaktionszeit der Haltehand positiv beeinflusst werden, der Sicherungsmann erhält gewissermaßen über seine Führungshand eine Vorwarnung für das Auffangen des unmittelbar folgenden Sturzes der stürzenden Einsatzkraft.

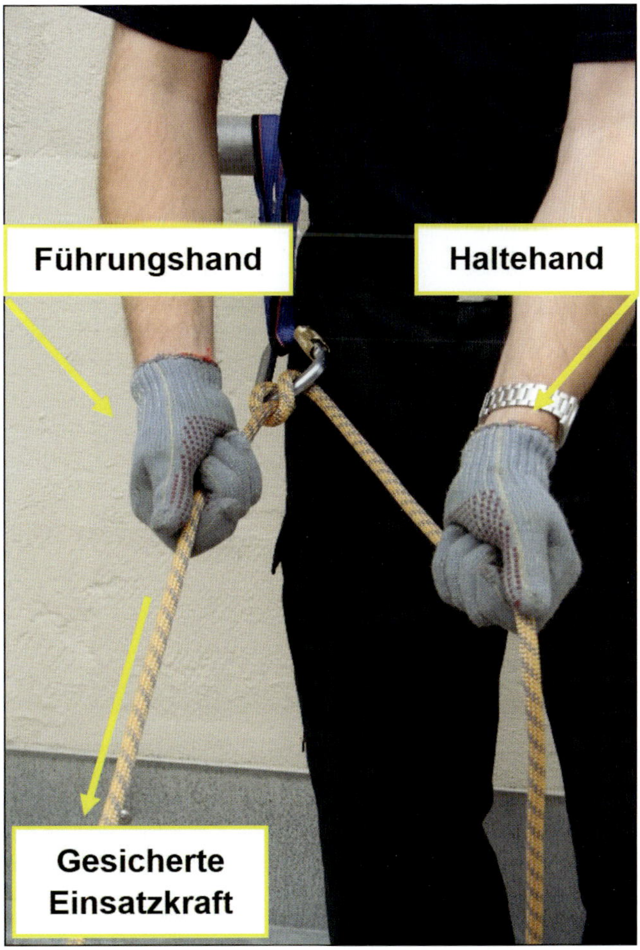

Abb. 83: Handhabung der Halbmastwurfsicherung

Essentiell wichtig für die sichere Handhabung der Halbmastwurfsicherung ist das Tragen geeigneter Schutzhandschuhe. Ohne Handschuhe würde das bei einem Sturz schnell durchlaufende Seil die Handinnenflächen und die Innenseite der Fingergrundglieder des Sicherungsmannes verbrennen. Ein reflektorisch bedingtes Loslassen des Seils mit beiden Händen und der unkontrollierte Absturz der gesicherten Einsatzkraft wäre die Folge.

Achtung: Das Tragen von geeigneten Schutzhandschuhen durch den Sicherungsmann ist eine elementare und wichtige Unfallverhütungsmaßnahme! Ein Verzicht auf diese Handschuhe hätte im Falle eines Sturzes Verbrennungen der Handinnenflächen und der Innenseite der Fingergrundglieder beider Hände durch das schnell durchlaufende Sicherungsseil zur Folge. Dies würde schlimmstenfalls zum unkontrollierten Absturz der gesicherten Einsatzkraft führen!

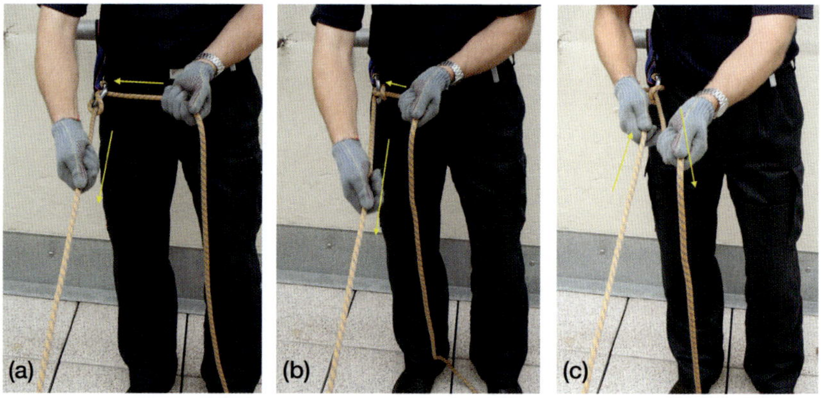

Abb. 84: Seilausgeben bei Vorwärtsbewegung der gesicherten Einsatzkraft. Beide Hände umfassen permanent das Sicherungsseil. Bilder (a) und (b) zeigen das Ausgeben des Seiles: die Führungshand zieht am Seil, die Haltehand schiebt das Seil durch den HMS nach. Auf Bild (c) erfolgt das Umgreifen beider Hände. Danach wiederholt sich der Ablauf wie auf den Bildern (a) und (b). Sollte es während des Seilausgebens zum Sturz der gesicherten Einsatzkraft kommen, kann dieser sicher gehalten werden

Seilausgeben unter Verwendung beider Hände

Seilausgabe

Bei der Ausgabe des Seiles während der Vorwärtsbewegung der gesicherten Einsatzkraft ist darauf zu achten, dass permanent beide Hände das Sicherungsseil umfassen und Kontakt zu diesem haben.

Der Sicherungsmann muss immer mit einem Sturz der gesicherten Einsatzkraft rechnen und diese gegebenenfalls sicher auffangen können.

Voraussetzung dafür ist der permanente enge Kontakt der Haltehand des Sicherungsmannes mit dem Sicherungsseil. Gleichzeitig muss aber der Mindestabstand der Haltehand zum HMS-Karabiner von 50 cm auch während der Seilausgabe aufrechterhalten bleiben, da andernfalls im Sturzfalle die Finger der Haltehand durch das in den HMS einlaufende Seil eingeklemmt werden könnte.

Um im Einsatzfall die sichere Handhabung der Halbmastwurfsicherung zu gewährleisten, sollten diese Bewegungsabläufe regelmäßig geübt werden.

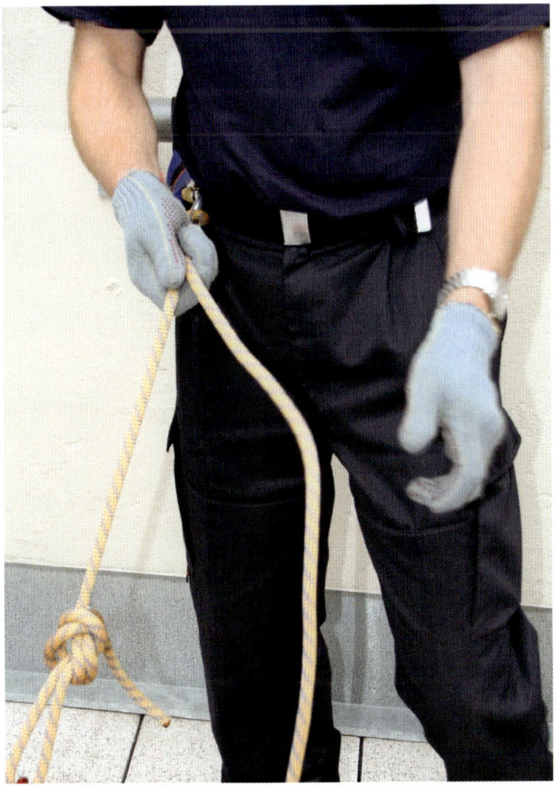

Abb. 85: Beim Umgreifen der Hände für das weitere Ausgeben des Seiles werden beide Seilstränge (abgehendes und einlaufendes Seil) mit der Haltehand umschlossen, dadurch wird der HMS sicher fixiert. Die Sicherungshand gleitet in Folge an beiden Seilsträngen nach vorne (vom Körper des Sicherungsmannes weg), die Führungshand kann wieder nahe des HMS das Seil greifen und im weiteren Verlauf das Sicherungsseil zur Seilausgabe weiter nachziehen

5 Einsatzvarianten mit dem genormten Gerätesatz Absturzsicherung

Einsatzvarianten mit Gerätesatz Absturzsicherung

Mit dem genormten Gerätesatz Absturzsicherung können folgende Einsatzvarianten ausgeführt werden:

- Gesicherter Vorstieg in der Waagerechten
- Gesicherter Vorstieg in der Senkrechten
- Einrichten eines Geländerseils und Quergang am Geländerseil („Klettersteigtechnik“)
- Toprope-Sicherung über ein Hubrettungsfahrzeug durch Umlenkung des Sicherungsseiles über die Leiter- bzw. Auslegerspitze
- Toprope-Sicherung durch Sicherung aus dem Rettungskorb eines Hubrettungsfahrzeuges heraus

In der Einsatzpraxis werden sich an der Einsatzstelle oftmals Mischformen der aufgeführten Einsatzvarianten ergeben.

Für alle Einsatzvarianten gilt der Grundsatz „Safety First!“, d.h. beim Aufbau der Absturzsicherung und während des Einsatzes gesicherter Einsatzkräfte im absturzgefährdeten Bereich ist mit höchster Konzentration und Sorgfalt zu arbeiten! Alle eingesetzten Einsatzkräfte müssen sich 100%ig auf ihre jeweilige Aufgabe und die jeweils durchzuführenden Tätigkeiten konzentrieren!

Hinweis: Sollte es während des Einsatzes zu Schwierigkeiten kommen oder sollten unerwartete Probleme auftreten, wird von der betroffenen Einsatzkraft laut und deutlich das **Kommando „Stop!“** gegeben. Dadurch wird die Situation zunächst einmal „eingefroren“, d.h. alle Tätigkeiten werden solange unterbrochen, bis die Situation geklärt, die Sicherheit der getroffenen Maßnahmen überprüft wurde und die aufgetretenen Schwierigkeiten beseitigt sind. Die sichernde Einsatzkraft hat in diesem Fall die Halbmastwurfsicherung bzw. Seilbremse zu blockieren und ggf. mit einem Schleifknoten festzulegen.

Horizontaler Vorstieg

5.1 Gesicherter Vorstieg in der Waagerechten (horizontaler Vorstieg)

Bei dieser Einsatzvariante handelt es sich um Fortbewegung in waagerechter Richtung unter Verwendung von Zwischensicherungen in Form von Bandschlingen. Diese Vorstiegsvariante kann z.B. bei einem Turmdrehkran, einem Hochhausflachdach, dem Satteldach eines Wohnhauses oder bei ähnlichen Objekten zum Einsatz kommen. Die Vorgehensweise ist jedoch immer die gleiche:

- Zunächst legt die vorsteigende Einsatzkraft einen Auffang-, Halte- und Sitzgurt an, an dem das Kernmantel-Dynamikseil mit Achterknoten und Spierenstich befestigt wird. Für die zu setzenden Zwischensicherungen rüstet sich die vorgehende Einsatzkraft mit der erforderlichen Anzahl an Bandschlingen (Länge 800 mm) und Karabinerhaken mit Verschlusssicherung aus. Die vorsteigende Einsatzkraft stellt die Anfrage an den Sicherungsmann: **„Sicherung fertig?“**
- Die sichernde Einsatzkraft schlägt an einem geeigneten Festpunkt eine Bandschlinge (Länge 1.500 mm) an, hakt einen HMS-Karabinerhaken ein und legt das Kernmantel-Dynamikseil mit einen Halbmastwurf in den Karabinerhaken (Halbmastwurfsicherung) ein. Die sichernde Einsatzkraft gibt die Meldung **„Sicherung fertig!“**

- Die vorsteigende Einsatzkraft geht in den absturzgefährdeten Bereich zum Zielort vor. Dabei setzt sie in regelmäßigen Abständen (siehe Kapitel 5.1.2) Zwischensicherungen für das Sicherungsseil, um einerseits die Sturzstrecke so gering wie möglich zu halten und andererseits der Sturzstrecke eine bestimmte, kontrollierte Richtung zu geben, um ein Anprallen an Hindernissen im Absturzbereich am Einsatzobjekt möglichst zu vermeiden.

5.1.1 Setzen der Zwischensicherungen

Zwischensicherungen horizontaler Vorstieg

Die Bandschlingen werden um geeignete Anschlagpunkte gelegt. Dabei wird jeweils ein Karabinerhaken mit Verschlusssicherung eingehakt. Das Sicherungsseil wird im Verlauf des Vorgehens in die Karabinerhaken eingelegt und die Schnapper der Karabinerhaken danach gesichert (z.B. verschraubt). Auf diese Weise arbeitet sich die Einsatzkraft in Richtung ihres Einsatzzieles vor, während sie gleichzeitig über den Auffanggurt und das straff geführte Sicherungsseil durch die sichernde Einsatzkraft gesichert wird.

Abb. 86: Beispiele für Zwischensicherungen an unterschiedlichen Festpunkten

Beim Setzen der Zwischensicherungen ist darauf zu achten, dass die Bandschlingen wenn möglich in ihrer gesamten Länge um den Anschlagpunkt geschlungen werden. Dies führt zur Verminderung der Sturzstrecke im Fall eines Sturzes. Gleichzeitig wird die Festigkeit der Bandschlinge insbesondere an kantigen Stahlprofilen erhöht. Die vollständige Umschlingung führt außerdem zu einer Verminderung der Gleitfähigkeit und damit des Verrutschens der Bandschlinge besonders an Stahlprofilen, Holzbalken o. Ä. Ist die vollständige Umschlingung aufgrund der Länge der Bandschlinge nicht möglich, so ist diese mindestens doppelt um den Anschlagpunkt zu legen.

Abb. 87: Zwischensicherungen mit mehrmaliger Umschlingung eines Geländers mit den Bandschlingen

5.1.2 Abstände der Zwischensicherungen

Beim Setzen der Zwischensicherungen sind bestimmte Abstände einzuhalten, die nicht unterschritten werden sollten. Hierbei ist insbesondere darauf zu achten, dass im Falle eines Sturzes ein Anprallen am Einsatzobjekt infolge eines Pendelsturzes soweit als möglich vermieden wird.

Tipp: Beim waagerechten Vorstieg, z.B. beim Vorgehen auf einen Kranausleger, sollten die Zwischensicherungen in folgenden Abständen gesetzt werden:

2 m – 3 m – 4 m – 6 m – 8 m – 11 m – 14 m – 17 m – 20 m – ...

Achtung: Dabei ist bei der Seilausgabe bzw. dem Vorgehen am Ausleger darauf zu achten, dass im Falle eines Sturzes die gesicherte Einsatzkraft noch sicher und schnell zum Erdboden abgelassen werden kann. Damit hängt die zurücklegbare Strecke des Vorstiegs von der Länge des Seils und der Höhe zwischen dem Festpunkt der Seilbremse und Erdboden ab.

Die vorstehend dargestellten Abstandswerte für die Zwischensicherungen sollen lediglich als Anhaltspunkt dienen und verdeutlichen, dass die Zwischensicherungen zu Beginn des Vorstieges in engen Abständen gelegt werden müssen, um einen langen und tiefen Pendelsturz zu vermeiden.

Beim horizontalen Vorstieg ist auch auf den zur Verfügung stehenden Sturzraum zu achten, der unterhalb der Bewegungsfläche der gesicherten Einsatzkraft zur Verfügung steht. Ist das Einsatzobjekt

Abb. 88: Gefahr des Anprallens infolge eines Pendelsturzes.

Abb. 89: Beispielhafte Darstellung für das Setzen von Zwischensicherungen im waagerechten Vorstieg am Beispiel eines Kranauslegers

niedriger, müssen auch die Abstände der Zwischensicherungen entsprechend verkürzt werden, um im Falle eines Sturzes ein Aufschlagen auf dem darunterliegenden Boden zu verhindern!

Eine derartige Verkürzung der Zwischensicherungsabstände kann auch beim Umklettern von Hindernissen oder schwierigen Passagen erforderlich sein. Dadurch verringert sich aber die maximal mögliche horizontale Vorstiegsreichweite aufgrund der begrenzten Anzahl von Bandschlingen. Es muss also ein Kompromiss zwischen der notwendigen Verkürzung der Zwischensicherungsabstände und der Anzahl der verfügbaren Bandschlingen gefunden werden.

Als erforderlicher Sturzraum ist mindestens der doppelte Abstand der gesetzten Zwischensicherungen anzusehen. Dieser Wert ergibt sich aus dem einfachen Abstand der Zwischensicherungen voneinander zuzüglich des zu berücksichtigenden Seildurchlaufs durch die Halbmastwurfsicherung und die Seildehnung. Hinzu kommt schließlich noch ein Sicherheitsfreiraum zwischen den Füßen des Stürzenden und dem Boden.

Unterhalb des Einsatzbereiches ist der Sturzbereich bzw. der Bereich, in welchem die Gefahr durch herabfallende Gegenstände besteht, festzulegen, klar ersichtlich zu markieren (z.B. durch ein Absperrband) und abzusichern.

Hinweis: Nur unmittelbar am Einsatzgeschehen beteiligte und auch wirklich dort benötigte Einsatzkräfte halten sich innerhalb des Gefahrenbereiches (Absperrbereich) auf, alle anderen Einsatzkräfte und Fremdkräfte haben sich außerhalb dieses Bereiches aufzuhalten!

Abb. 90: Übung waagerechter Vorstieg auf einem Portalkran

5.1.3 Beispiel für einen waagerechten Vorstieg

Die nachfolgende Abb. 90 zeigt einen gesicherten waagerechten Vorstieg auf einem Portalkran im Rahmen einer Übung. Hierbei wurden kürzere Abstände zwischen den einzelnen Zwischensicherungen gewählt, da die zur Verfügung stehende Fallhöhe gering war (Höhe des Portalkranes ca. 9 m). Ziel der Übung war die Sicherung einer freistehenden Person gegen Absturz durch Anlegen einer Rettungsschlaufe.

5.2 Gesicherter Vorstieg in der Senkrechten (vertikaler Vorstieg)

Vertikaler Vorstieg

Für den senkrechten gesicherten Vorstieg gelten die gleichen Vorgaben wie beim waagerechten Vorstieg. Die Durchführung entspricht im Wesentlichen der beim waagerechten Vorstieg wie in Kap. 5.1.

beschrieben. Um eine möglichst geringe Sturzhöhe zu erreichen, sind jedoch insbesondere am Anfang des Vorstiegs in Bodennähe sehr kurze Abstände zwischen den einzelnen Zwischensicherungen erforderlich. Zum einen ist bei einem Sturz in Bodennähe aufgrund der kurzen bisher ausgegebenen Seillänge die Seildehnung sehr gering, d.h. durch das Kernmantel-Dynamikseil kann wenig bis keine Sturzenergie umgesetzt werden. Das andere Problem stellt der Seildurchlauf durch die Seilbremse (z.B. HMS) dar. Werden die Zwischensicherungen am Beginn des Vorstieges in zu geringen Abständen gelegt, kann die gesicherte Einsatzkraft durch diesen Seildurchlauf mit den Beinen am Erdboden aufschlagen.

Tipp: Beim senkrechten Vorstieg, z.B. beim Klettern auf einer Steigleiter oder einen Kran, sollten die Zwischensicherungen in folgenden Abständen gesetzt werden:

2 m – 3 m – 4 m – 5 m – 7 m – 9 m – 11 m – 13 m – 16 m – 20 m – 25 m – ...

Achtung: Dabei ist bei der Seilausgabe bzw. beim Aufstieg der vorgehenden Einsatzkraft darauf zu achten, dass im Falle eines Sturzes die gesicherte Einsatzkraft noch sicher und schnell zum Erdboden abgelassen werden kann. Die maximal zurücklegbare Steigstrecke ist von der Länge des Seils abhängig. Die maximal mögliche Steighöhe entspricht damit der halben Seillänge des eingesetzten Sicherungsseils.

Die vorstehend dargestellten Abstandswerte für die Zwischensicherungen sollen lediglich als Anhaltspunkt dienen und verdeutlichen, dass die Zwischensicherungen zu Beginn des Vorstieges in engen Abständen gelegt werden müssen, um einen langen und tiefen Sturz mit einem hohen Sturzfaktor zu vermeiden.

Im Rahmen von vertikalen Vorstiegssituationen kann situationsbedingt eine Verringerung der Abstände der Zwischensicherungen notwendig sein, z.B. beim Umklettern von Hindernissen oder schwierigen Passagen an Gittermasten oder Dächern. In diesem Fall müssen ggf. die vorstehend angegebenen Abstandswerte zwischen den einzelnen Zwischensicherungen unterschritten werden. Dadurch verringert sich aber die maximal mögliche vertikale Vorstiegshöhe

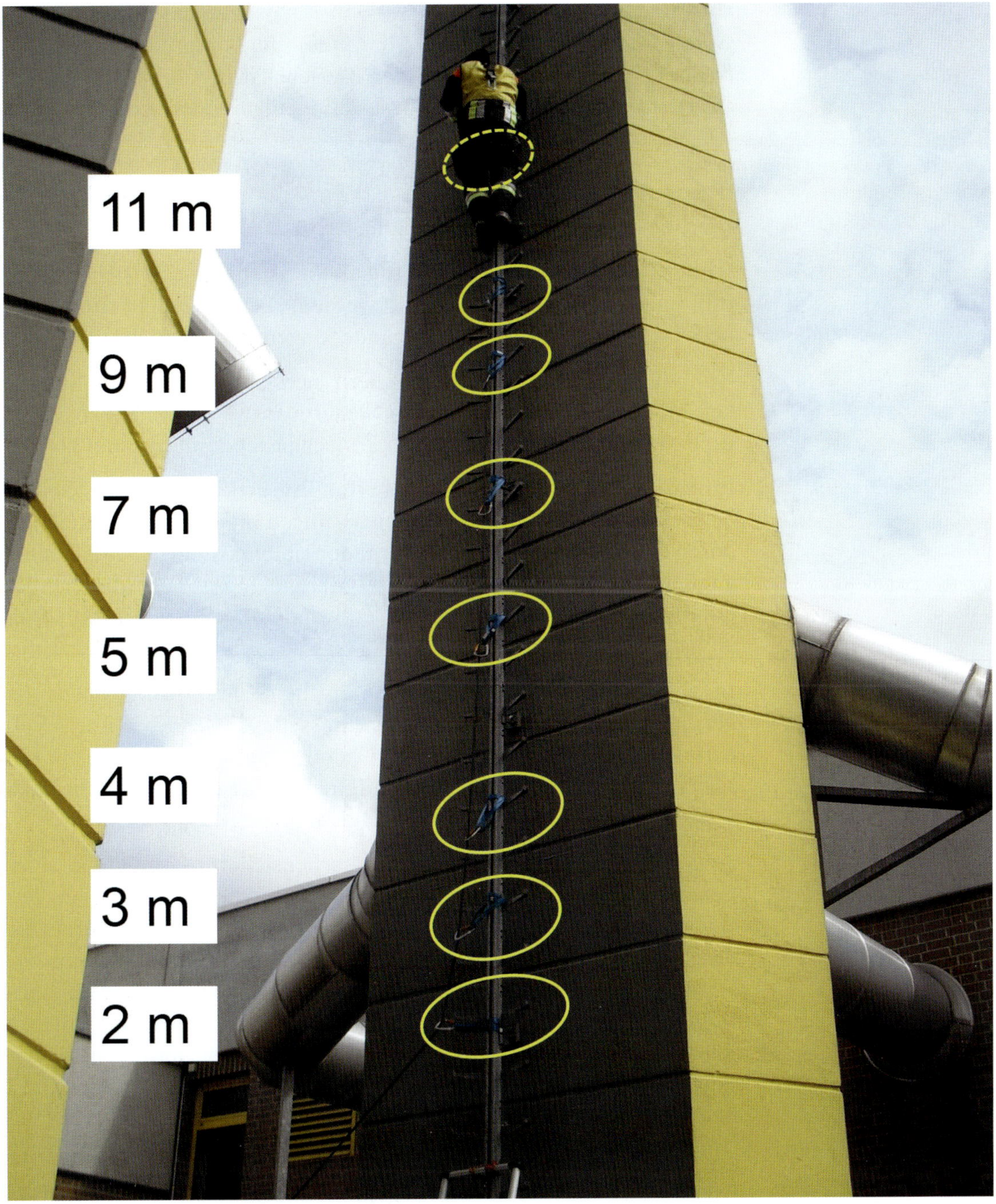

Abb. 91: Abstände für Zwischensicherungen bei vertikalem Vorstieg auf einer Steigleiter am Beispiel eines Schornsteins

aufgrund der begrenzten Anzahl von Bandschlingen im genormten Gerätesatz Absturzsicherung. Hier muss ein Kompromiss zwischen der notwendigen Verkürzung der Zwischensicherungsabstände und der Anzahl der verfügbaren Bandschlingen gefunden werden.

Zwischensicherungen vertikaler Vorstieg

5.2.1 Setzen der Zwischensicherungen beim senkrechten Vorstieg

Weiteres Augenmerk muss der Installation der Zwischensicherungen während des Aufstiegs geschenkt werden. Diese sollten in einer möglichst senkrechten Linie übereinander angeordnet werden.

Nur bei geradem Seilverlauf in einer Flucht über die gesamte Strecke des Vorstiegs hinweg kann das Sicherungsseil ohne nennenswerte Reibung durch die Karabiner der Zwischensicherungen durchlaufen.

Im Falle eines Sturzes der gesicherten Einsatzkraft läuft das Seil in der geraden Linie der Zwischensicherungen praktisch ohne Reibung durch die Karabiner. Dadurch kann der Halbmastwurf ebenfalls eine gewisse Bremsstrecke durchlaufen und einen Teil der Sturzenergie durch Reibung in Wärmeenergie umwandeln; der HMS wirkt somit „dynamisch“.

In Verbindung mit der Seildehnung, welche sich bedingt durch die geringen Reibungswerte des Sicherungsseiles in den Karabinern voll entfalten kann, wird so die als Fangstoß auftretende Energie auf ein für die gesicherte Einsatzkraft erträgliches Maß reduziert (siehe auch Kapitel 4.2.1, Abschnitt Dynamische Sicherung).

Seilverlauf durch die Zwischensicherungen

Anders verhält es sich, wenn die Zwischensicherungen nicht in einer geraden Linie gelegt werden. Durch das wechselseitige Legen der Bandschlingen entsteht ein gezackter Seilverlauf durch die Karabiner der Zwischensicherungen. Durch die großflächige Umschlingung der Karabinerrundungen durch das hindurchlaufende Sicherungsseil entsteht eine höhere Reibung. Diese steigt mit jeder Umlenkung und mit jedem Seitenwechsel der installierten Zwischensicherungen. In der Folge addieren sich die Reibungswerte der einzelnen Karabiner und bei entsprechend langer Vorstiegsstrecke entsteht bereits während des Aufstiegs ein enormer Widerstand beim Nachziehen des Seils.

Diese Situation stellt für die vorgehende Einsatzkraft in Kombination mit dem ohnehin körperlich sehr anstrengenden Aufstieg eine enorme physische Belastung dar.

Abb. 92: Geradlinige Installation der Zwischensicherungen. Die Karabiner der Zwischensicherungen liegen alle auf einer vertikalen Linie, die Folge ist ein guter Seildurchlauf des Sicherungsseils im Falle eines Sturzes

Abb. 93: Wechsel des Seilverlaufes durch die Karabiner der sich in zwei parallelen Linien befindlichen Zwischensicherungen am Beispiel eines Gittermastes. Der Seildurchlauf wird im Falle eines Sturzes durch die hohen Reibungskräfte blockiert

Schwerwiegender sind jedoch die Folgen dieses ungünstigen Seilverlaufs im Falle eines Sturzes der gesicherten Einsatzkraft.

Durch die hohen Reibungswerte in den Karabinern ergibt sich auf die Länge des Seilverlaufs ein derart hoher Widerstand, dass durch das Sicherungsseil an den Halbmastwurf praktisch keine ausreichende Kraft mehr übertragen werden kann, um dort einen Seildurchlauf durch den Knoten auszulösen.

Daraus folgt, dass die Fallenergie der stürzenden Einsatzkraft allein durch die Dehnung des Seils reduziert werden müsste, da der Halbmastwurf aufgrund der zu geringen Zugkraft auf den Knoten blockiert und damit praktisch „statisch" wirkt.

Allerdings behindert die Umlenkung des jetzt unter starker Spannung befindlichen Seiles in den Karabinern auch die Seildehnung auf der gesamten Seilstrecke; die Umwandlung von Sturzenergie in Dehnungsarbeit des Sicherungsseils wird entsprechend gemindert bzw. komplett verhindert. Damit kann weniger bis gar keine Sturzenergie in Verformungsenergie des Seiles umgewandelt werden.

Diese beiden Umstände führen im Extremfall dazu, dass der Sturz hart abgefangen wird und ein hoher Fangstoß auf den Gestürzten einwirkt.

An Einsatzstellen der Feuerwehr wird es allerdings nicht immer möglich sein, einen idealen geraden Seilverlauf durch die Zwischensicherungen zu erreichen, da diese ja auch entsprechend den Gegebenheiten vor Ort gesetzt werden müssen. Es wird in manchen Fällen nur ein Kompromiss zwischen dem praktisch Machbaren und dem anzustrebenden Idealfall zu erzielen sein.

Achtung: Wechselseitig gelegte Zwischensicherungen ⇨ „statische“ Sicherung:

- Seilverlauf im wechselseitig zwischen zwei vertikal verlaufenden Karabiner-Linien der Zwischensicherungen
- Kraftverlauf innerhalb des Seils im Sturzfalle durch die versetzt liegenden Karabiner der Zwischensicherungen
- Karabiner wirken als Umlenk-Karabiner ⇨ Erhöhung der Seilreibung an jedem Karabinerradius
- HMS kann nicht mehr wirksam werden ⇨ „statische“ Sicherung, Dämpfung des Sturzes allein durch Seildehnung ⇨ Vergrößerung des Fangstoßes

Tipp: Geradlinig gelegte Zwischensicherungen ⇨ „dynamische“ Sicherung

- Setzen der Zwischensicherungen in einer geraden Flucht
- Gerader Seilverlauf durch die Karabiner der Zwischensicherungen, um die Seilreibung in den Karabinern zu minimieren
- HMS kann seine Wirksamkeit entfalten
- Aufteilung der Sturzenergie auf Seil (Dehnung), HMS (Reibung) und Körper (Verformungsarbeit)
- Verringerung des Fangstoßes auf ein physiologisch erträgliches Maß

5.2.2 Seilführung am Körper der aufsteigenden Einsatzkraft beim senkrechten Vorstieg

Seilführung am Körper

Während des senkrechten Aufstieges einer gesicherten Einsatzkraft (z.B. auf einer Steigleiter, etc.) muss diese auf den richtigen Seilverlauf am Körper achten. Liegt beispielsweise die letzte gelegte und überstiegene Zwischensicherung links von der Einsatzkraft, muss das Seil über das linke Bein bzw. den linken Fuß geführt werden.

Gleiches gilt sinngemäß für die rechte Seite. Würde das Seil in diesen beiden Fällen zwischen den Beinen verlaufen, könnte sich im Falle eines Sturzes das jeweils der zuletzt gelegten Zwischensicherung am nächsten befindliche Bein im Seil verhängen. Die Folge wäre eine Körperdrehung in der Endphase des Sturzes kurz vor dem Auffangen. Dadurch würde der Kopf am Objekt aufschlagen, mit der Folge schwerer Verletzungen.

Liegt die letzte gesetzte Zwischensicherung genau senkrecht unterhalb der aufsteigenden Einsatzkraft, ist ein Seilverlauf zwischen den Beinen vorteilhaft. In diesem Fall ergibt sich ein geradliniger Sturz, die Beine können sich nicht im Sicherungsseil verhängen[13].

5.2.3 Standplatzwahl des Sicherungsmannes beim senkrechten Vorstieg

Beim senkrechten Vorstieg muss auch auf die Standplatzwahl der sichernden Einsatzkraft am Boden geachtet werden. Die sichernde Einsatzkraft muss darauf achten, dass sie sich nicht in der Falllinie und damit im Sturzbereich der vorsteigenden Einsatzkraft befindet. Deshalb ist an der Basis des Einsatzobjektes, z.B. eines Gittermastes oder Mobilfunkmastes, die voraussichtliche Falllinie der vorsteigenden Einsatzkraft im Falle eines Sturzes zu ermitteln und dann ein sicherer Standplatz am Einsatzobjekt außerhalb des Sturzbereiches zu wählen. An diesem ermittelten Standplatz wird dann die Halbmastwurfsicherung an einem geeigneten Festpunkt aufgebaut.

Unterhalb des Einsatzbereiches ist der Sturzbereich bzw. der Bereich, in welchem die Gefahr durch herabfallende Gegenstände besteht, festzulegen, klar ersichtlich zu markieren (z.B. durch ein Absperrband) und abzusichern.

Hinweis: Nur unmittelbar am Einsatzgeschehen beteiligte und auch wirklich dort benötigte Einsatzkräfte halten sich innerhalb des Gefahrenbereiches (Absperrbereich) auf, alle anderen Einsatzkräfte und Fremdkräfte haben sich außerhalb dieses Bereiches aufzuhalten!

[13] Siehe hierzu auch „Alpin-Lehrplan Band 5“, BLV-Verlag, 4. Auflage 2003 sowie „Seil- u. Sicherungstechnik“, Bruckmann-Verlag, 1. Auflage 2008

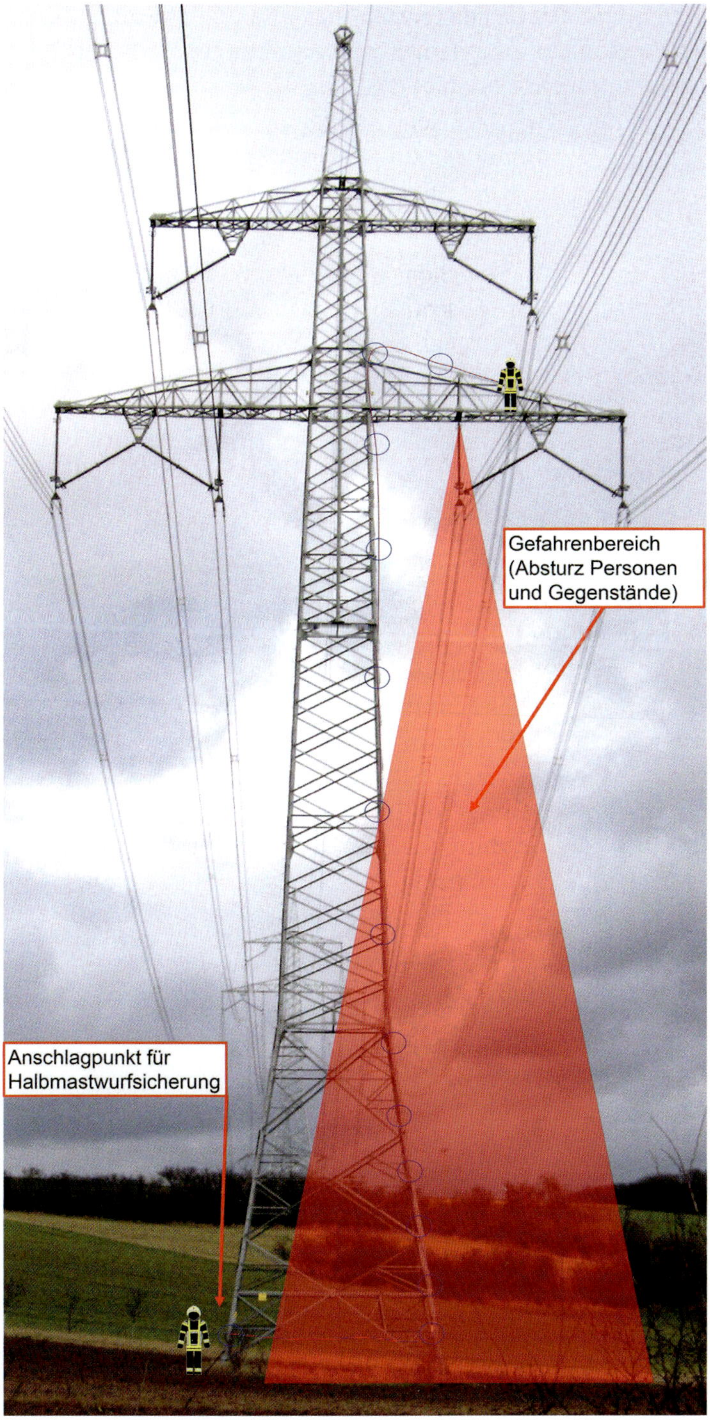

Abb. 94: Schematische Darstellung des Gefahrenbereiches und des zu wählenden Anschlagpunktes für die Seilbremse bei einem Gittermast

Bei der Beurteilung des Gefahrenbereiches und damit auch der Größe und Ausdehnung des Absperrbereiches sollten folgende Einflussgrößen in die Planung mit einfließen:

- Ziel der vorsteigenden Einsatzkraft am Einsatzobjekt (z.B. waagerechte Bewegungsrichtung auf einem Satteldach)
- Möglicher Aufstiegsweg am Einsatzobjekt (z.B. Leitern, Steighilfen)

Abb. 95: Senkrechter Vorstieg auf der geneigten Dachfläche eines Satteldaches

- Mögliche Standplätze zum Einrichten des Anschlagpunktes der Halbmastwurfsicherung
- Beachtung des Sturzbereiches im Falle eines Pendelsturzes der vorsteigenden Einsatzkraft

Hinweis: Bei einem Einsatz, bei dem eine Person von dem Einsatzobjekt zu springen droht, ist der mögliche Bewegungsraum dieser Person auf dem Objekt zu ermitteln bzw. abzuschätzen und der Absperrbereich gegebenenfalls entsprechend zu erweitern.

5.3 Quergang am Geländerseil („Klettersteigtechnik“)

Einrichtung eines Geländerseiles

In bestimmten Einsatzsituationen kann es erforderlich sein, dass mehrere Einsatzkräfte gleichzeitig im absturzgefährdeten Bereich tätig werden und deshalb auch gleichzeitig gesichert werden müssen. Das kann z.B. bei Dacharbeiten im Rahmen eines Unwettereinsatzes, Schneeräumarbeiten auf Hausdächern oder Nachlöscharbeiten nach einem Dachstuhlbrand der Fall sein.

Dabei kann sich das Problem ergeben, dass für einen sicheren Einsatz die Anzahl der vorhandenen Ausrüstungsgegenstände eines Gerätesatzes Absturzsicherung nicht ausreicht, um jede Einsatzkraft individuell zu sichern oder dass der Einsatz mehrerer Gerätesätze und somit mehrerer Sicherungsseile die Einsatzdurchführung eher behindert als unterstützt.

In diesen Einsatzfällen besteht die Möglichkeit der Einrichtung eines so genannten Geländerseiles. Dabei handelt es sich um ein gespanntes Sicherungsseil (Kernmantel-Dynamikseil), das zwischen zwei geeigneten Festpunkten leicht gespannt wird, die sich zu beiden Enden einer zu begehenden Fläche des Einsatzobjektes befinden. Zusätzlich wird das Seil in regelmäßigen Abständen durch Zwischensicherungen gelegt.

Bei der Einrichtung eines Geländerseiles gibt es zwei grundsätzliche Möglichkeiten der Einrichtung:

- Einrichten eines Geländerseiles im Vorstieg (waagerecht oder Kombination aus senkrechtem und waagerechtem Vorstieg)

Abb. 96: Beispiel für das Vorgehen im Quergang an einem Geländerseil auf einem Satteldach. Das Geländerseil wurde bei diesem Beispiel durch eine Kombination aus senkrechtem und waagrechtem Vorstieg eingerichtet. Daher ist das Sicherungsseil nicht mit Mastwürfen in den Karabinern der Zwischensicherungen befestigt

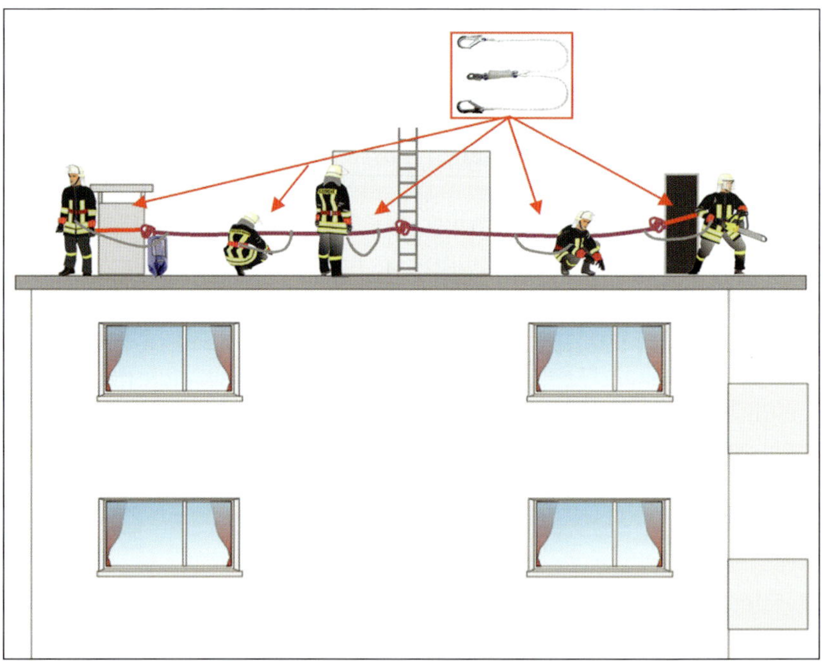

Abb. 97: Vereinfachte Darstellung der Verwendung eines Geländerseiles auf einem Flachdach

- Einrichten eines Geländerseiles mit Hilfe eines Hubrettungsfahrzeuges oder eines Hubsteigers (Einrichtung von Festpunkten mittels Bandschlingen am Objekt, z.B. Satteldach und Installation des Sicherungsseiles in den Karabinern der Bandschlingen, Fixierung des Seiles an beiden Enden und an jedem Karabiner mittels Mastwurf)

5.3.1 Einrichten eines Geländerseiles im Vorstieg

Für den Quergang am Geländerseil muss zunächst ein leicht gespanntes (nur mit Handkraft, ohne technische Hilfsmittel) Kernmantel-Dynamikseil zwischen zwei Festpunkten befestigt werden. Dies erfolgt in Einzelschritten:

- Zunächst legt die vorsteigende Einsatzkraft einen Auffang-, Halte- und Sitzgurt an, an dem das Kernmantel-Dynamikseil mit Achterknoten und Spierenstich befestigt wird. Für die zu setzenden Zwischensicherungen rüstet sich die Einsatzkraft mit der erforderlichen Anzahl an Bandschlingen (Länge 800 mm) und Karabinerhaken mit Verschlusssicherung aus. Für die zusätzliche Sicherung rüstet sich die Einsatzkraft mit der Nahbereichssicherung aus. Die vorsteigende Einsatzkraft stellt die Anfrage an den Sicherungsmann: **„Sicherung fertig?“**
- Die sichernde Einsatzkraft schlägt an einem geeigneten Festpunkt eine Bandschlinge (Länge 1.500 mm) an und legt das Sicherungsseil in eine Seilbremse ein (z.B. Halbmastwurfsicherung in einem HMS-Karabinerhaken). Nach der durchgeführten Funktionskontrolle der Seilbremse gibt die sichernde Einsatzkraft die Meldung **„Sicherung fertig!“**
- Die vorsteigende Einsatzkraft geht in den Einsatzbereich vor. Dabei setzt sie in regelmäßigen Abständen Zwischensicherungen für das Sicherungsseil. Beim Erreichen des vorgesehenen Festpunktes für das Sicherungsseil (Geländerseil) sichert sich die Einsatzkraft mit dem Verbindungsmittel zur Arbeitsplatzpositionierung oder der Nahbereichssicherung und gibt das Kommando **„Stand!“**.
- Die sichernde Einsatzkraft setzt die Seilbremse (z.B. Halbmastwurfsicherung) mit einem Schleifknoten fest. Die dabei entstehende Seilschlaufe des Schleifknotens wird mittels eines Karabinerhakens gegen unbeabsichtigtes Lösen gesichert. Die

sichernde Einsatzkraft gibt das Kommando **„Sicherung festgelegt!“**

- Die vorsteigende Einsatzkraft (mit Nahbereichssicherung gesichert) löst den Achterknoten des Sicherungsseiles von ihrem Auffang-, Halte- und Sitzgurt und legt einen Achterknoten in das Seil. Um den Festpunkt wird eine Bandschlinge gelegt, ein Karabinerhaken eingehakt und in den Karabinerhaken der Achterknoten eingehakt (alternativ kann das Seil auch mit einem Mastwurf im Karabiner eingelegt werden, Hintersicherung des Mastwurfes mit doppeltem Spierenstich). Wenn nötig zieht der Sicherungsmann das Seil durch die Seilbremse (z.B. HMS) stramm und legt dann das Sicherungsseil wieder mittels Schleifknoten fest. Die Schlaufe des Schleifknotens wird mit einem Karabiner am Seil gesichert. Anschließend gibt er die Meldung **„Sicherung festgelegt!“** Die vorgegangene Einsatzkraft gibt die Meldung **„Geländerseil steht“**.

Die vorgestiegene Einsatzkraft kann sich jetzt entlang des Geländerseiles in den eigentlichen Einsatzbereich zurückbewegen. Die Fortbewegung entlang eines horizontal gespannten Geländerseiles erfolgt unter Verwendung des Auffang- und Sitzgurtes und der Nahbereichssicherung (Anschlagkarabiner, Y-Schlinge mit Falldämpfer, Karabinerhaken) nach der sogenannten „Klettersteigtechnik“. Die Bezeichnung ist von der ursprünglichen Verwendung an alpinen Klettersteigen abgeleitet, an denen diese Sicherungstechnik seit langem verwendet wird.

Hierbei bewegt sich die Einsatzkraft entlang des horizontalen Geländerseiles, in welches beide Anschlagkarabiner der Nahbereichssicherung eingehängt wurden. Erreicht die Einsatzkraft nun eine Zwischensicherung, wird ein Anschlagkarabiner ausgehängt und nach der Zwischensicherung wieder in das Sicherungsseil eingeklinkt. Danach wiederholt sich dieser Vorgang mit dem zweiten Anschlagkarabiner.

Fortbewegung am Geländerseil

Bei diesem Vorgehen hat die Einsatzkraft stets mit mindestens einem Anschlagkarabiner der Nahbereichssicherung Kontakt mit dem gespannten Sicherungsseil. Im Falle eines Sturzes wird dieser durch den Auffang- und Sitzgurt, den Falldämpfer der Y-Schlinge und das Geländerseil aufgefangen. Dabei ist auf den erforderlichen freien Sturzraum unterhalb der Einsatzkraft zu achten.

Abb. 98: Schematische Darstellung der Fortbewegung am Geländerseil

Hinweis: Weitere Einsatzkräfte können sich entlang des aufgebauten Geländerseiles im Einsatzbereich bewegen, wenn für sie Nahbereichssicherungen sowie Auffang-, Halte- und Sitzgurte in ausreichender Anzahl verfügbar sind.

Dabei gilt folgender Grundsatz: eine Einsatzkraft je Seilabschnitt zwischen zwei Zwischensicherungen!

Das Einrichten eines Geländerseiles auf einer geneigten Dachfläche gleicht der Vorgehensweise an den horizontalen Seilabschnitten des Seiles wie vorstehend beschrieben, auf den vertikalen Seilabschnitten ist jedoch eine andere Vorgehensweise erforderlich. Zur Verkürzung der möglichen Sturzstrecke (z.B. bei Ausrutschen oder Einbrechen einer Einsatzkraft auf der Dachschräge) auf senkrechten Passagen des Geländerseiles auf der Dachfläche sollten kurze Bandschlingen (Länge 40 cm) in Abständen von ca. 1,5–2,0 m mittels Kreuzklemmknoten (siehe Kapitel 3.5) um das festgelegte Sicherungsseil geschlungen werden. In die entstehenden Bandschlingenschlaufen lassen sich dann die Gerüsthaken der Nahbereichssicherung wechselseitig einhängen.

Abb. 99: Beispiel für die Sicherung auf den vertikalen (geneigten) Seilabschnitten eines Geländerseils (Fixseil) auf einer Dachfläche. Einhängen der Gerüsthaken der Nahbereichssicherung in Bandschlingen, mittels Kreuzklemmknoten am Fixseil angeschlagen

5.3.2 Einrichten eines Geländerseiles mit Hilfe eines Hubrettungsfahrzeuges oder eines Hubsteigers

Die Einrichtung eines Geländerseiles auf einem Gebäudedach kann auch mit Hilfe eines Hubrettungsfahrzeuges (Drehleiter oder Teleskopmastfahrzeug) erfolgen. Auch Hubsteiger von Privatfirmen können hierfür im Rahmen von Großschadenslagen (z.B. infolge von Stürmen oder starken Schneefällen), eingesetzt werden. Dabei werden die Festpunkte in Form von Bandschlingen mit Karabinern am Objekt, beispielsweise einem Satteldach, vom Korb des Hubrettungsfahrzeuges aus installiert. Anschließend wird ein Kernmantel-Dynamikseil mittels Mastwürfen in die Karabiner der Zwischensicherungen eingelegt; so bilden sich kurze Seilabschnitte. Die beiden Seilenden werden mittels Mastwürfen in die beiden letzten Bandschlingen an beiden Enden des Daches eingelegt und diese dann mit je einem doppelten Spierenstich hintersichert. Das Vorgehen am Geländerseil erfolgt dann wie in Kap. 5.3.1 beschrieben.

Abb. 100: Einrichtung eines Geländerseiles unter Einsatz einer Drehleiter

5.4 Toprope-Sicherung über ein Hubrettungsfahrzeug durch Umlenkung des Sicherungsseiles über die Leiter- bzw. Auslegerspitze

Durchführung „Toprope-Sicherung“ mit Umlenkung

Eine weitere Sicherungsmöglichkeit ist der Einsatz von Drehleitern oder Teleskopmastfahrzeugen als Hilfsmittel bei der Absturzsicherung. Insbesondere bei der Durchführung von Nachlöscharbeiten in absturzgefährdeten Bereichen (z.B. infolge von Dachstuhlbränden) kann der Hubrettungssatz als Anschlag- u. Umlenkpunkt für das Kernmanteldynamikseil der Absturzsicherung dienen. Dabei erfolgt die Sicherung der Einsatzkräfte über die Leiterspitze (sog. „Toprope“-

Abb. 101: „Toprope-Sicherung" mittels Gerätesatz Absturzsicherung und Drehleiter. Das Sicherungsseil wird über die Lastöse an der Leiterspitze umgelenkt, die Seilbremse (z.B. Halbmastwurfsicherung HMS) wird an einem geeigneten Festpunkt am Fahrgestell oder Drehgestell des Hubrettungssatzes angeschlagen

Sicherung) durch Umlenkung des Kernmantel-Dynamikseiles über einen Karabiner an der Leiter- bzw. Auslegerspitze.

Für die Durchführung der Sicherung einer Einsatzkraft bzw. mehrerer Einsatzkräfte ist mindestens ein Gerätesatz Absturzsicherung nach DIN 14800-17 erforderlich. Die Anzahl der Einsatzkräfte, die über das Hubrettungsfahrzeug mit Hilfe eines oder mehrerer Kernmantel-Dynamikseile(s) gesichert werden können, hängt dabei von folgenden Faktoren ab:

- Technische Ausführung des Hubrettungsfahrzeuges hinsichtlich der möglichen Zuladung im Rettungskorb (z.B. 3-Personen-, 4-Personen- oder 5-Personen-Rettungskorb)
- Wert der erforderlichen Ausladung (Reichweite) des Hubrettungssatzes bei Sicherung über die Auslegerspitze (sog. „Toprope“-Sicherung)
- Anzahl der zur Verfügung stehenden Gerätesätze Absturzsicherung nach DIN 14800-17 bzw. der zur Verfügung stehenden geeigneten PSA gegen Absturz.

Tipp: Bei der „Toprope“-Sicherung wird die Einsatzkraft von oben am gespannten Kernmanteldynamikseil gesichert. Das Sicherungsseil wird über die Leiterspitze/ Auslegerspitze umgelenkt, die Seilbremse (z.B. Halbmastwurfsicherung) an einem geeigneten Festpunkt am Hubrettungsfahrzeug angeschlagen. Bei korrekter Durchführung ist bei dieser Sicherungsvariante ein freier Fall (Sturz ins Sicherungsseil) ausgeschlossen.

Um bei der Sicherung eine größere Ausladung des Hubrettungssatzes zu erzielen, kann bei Drehleitern der Rettungskorb abgenommen werden. Weiterhin lassen sich bei entsprechender technischer Ausführung des Hubrettungsfahrzeuges, z.B. bei 4-Personen-Rettungskorb oder 5-Personen-Rettungskorb am Fahrzeug, hierdurch mehrere Einsatzkräfte (maximal zwei Eisatzkräfte) über die Leiterspitze bzw. Auslegerspitze bei Teleskopmastfahrzeugen gegen Absturz sichern. In diesem Fall muss bei Einsatz einer Drehleiter der Rettungskorb zwingend von der Leiterspitze abgenommen werden.

Bei dieser Sicherungsvariante erfolgt der Anschlag der Seilbremse(n) (z.B. Halbmastwurfsicherung) des Sicherungsseiles bzw. der Siche-

Abb. 102: Beispiel für Anschlagpunkt der Seilbremse (z.B. Halbmastwurfsicherung) an den Lastösen am Drehgestell einer Magirus-Drehleiter (max. 500 kg)

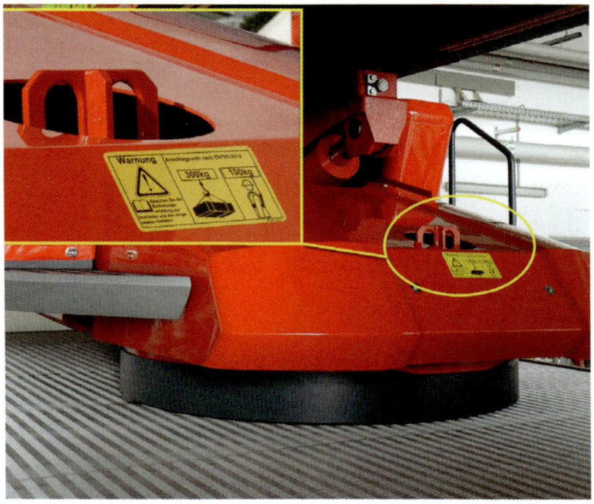

Abb. 103: Beispiel für Anschlagpunkt der Seilbremse (z.B. Halbmastwurfsicherung) an den Lastösen am Drehgestell einer Metz/Rosenbauer-Drehleiter (max. 300 kg)

Abb. 104: Beispiel Anschlagpunkt für Seilbremse (z.B. Halbmastwurfsicherung) an der Hinterradfelge eines Teleskopmastfahrzeuges. Hierbei ist ein Kantenschutz für die Bandschlinge erforderlich

Abb. 105: Anschlagen der Seilbremse (z.B. Halbmastwurfsicherung) am Stützbalken einer Magirus-Drehleiter. Hierbei muss die Bandschlinge mit einer Wolldecke oder ähnlichem vor Schmierfett geschützt werden

Abb. 106: Beispiele für mögliche Anschlagpunkte für die Seilbremse (z.B. Halbmastwurfsicherung) an einem Teleskopmastfahrzeug (Rosenbauer B32)

Abb. 107: Beispiel für das Anschlagen der Seilbremse (z.B. Halbmastwurfsicherung) an der Abstützung eines Teleskopmastfahrzeuges

Abb. 108: Beispiel für das Anschlagen der Seilbremse (z.B. Halbmastwurfsicherung) an den Heckschäkeln eines Teleskopmastfahrzeuges

rungsseile (Kernmantel-Dynamikseil) an einem geeigneten Festpunkt am Fahrzeug (z.B. Anschlagschäkel, Abstützung, Anschlagöse am Drehgestell, etc.) und die Umlenkung des Sicherungsseiles (bzw. der beiden Sicherungsseile) an der Leiterspitze bzw. der Auslegerspitze. Dabei lassen sich die Seilumlenkungen bei Drehleitern entweder mittels Bandschlingen und Karabinern an den obersten Leitersprossen oder an der im Korbboden eingelassenen Lastöse (Magirus-Drehleiter) anbringen. Bei Teleskopmastfahrzeugen kann hierfür beispielsweise die auf der Unterseite des Rettungskorbes eingelassene Lastöse verwendet werden.

Bei der Sicherungsvariante „Toprope-Sicherung“ muss sich die Leiter- bzw. Auslegerspitze stets innerhalb des Benutzungsfeldes der maximal möglichen Korbzuladung befinden (z.B. 3-Personen-Be-

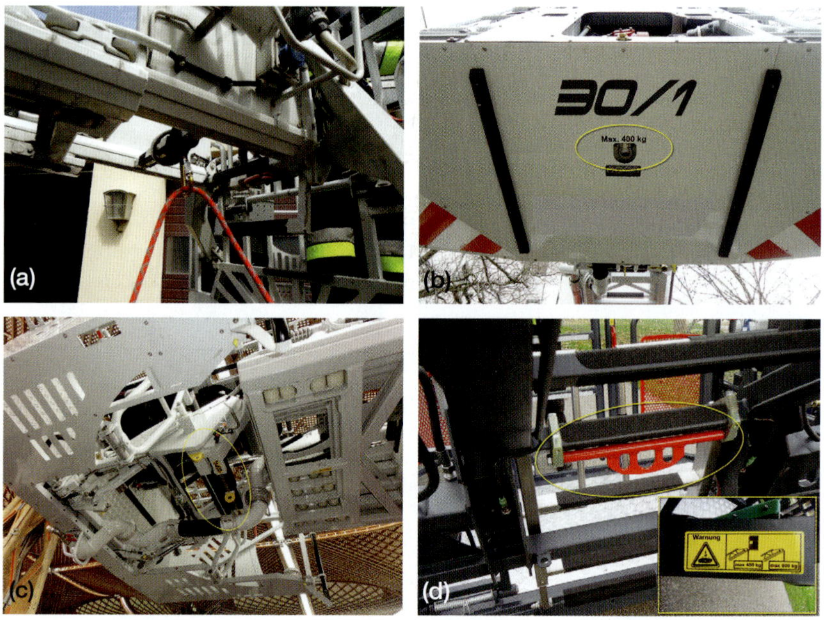

Abb. 109: (a) Umlenkung des Sicherungsseiles an der Leiterspitze (z.B. vorderste Leitersprosse oder Rundsprosse bei Metz-Drehleiter), (b) Umlenkung des Sicherungsseiles an der im Korbboden eingelassenen Lastöse einer Magirus-Drehleiter, (c) Stahlösen an der Leiterspitze als Anschlagpunkte für die Umlenkung des Sicherungsseiles (hier bei Magirus-Drehleiter). Hier können Stahlkarabiner eingehängt werden (d) Stahltraverse an der Leiterspitze als Anschlagpunkt für die Umlenkung des Sicherungsseiles (hier bei Metz/Rosenbauer-Drehleiter). Hier können Stahlkarabiner eingehängt werden

nutzungsfeld bei 3-Personen-Rettungskorb einer DLA-K oder im 5-Personen-Benutzungsfeld bei 5-Personen-Rettungskorb eines Teleskopmastfahrzeuges).

Die Leiter- bzw. Auslegerspitze mit dem Umlenkpunkt des Sicherungsseiles ist dabei immer der gesicherten Einsatzkraft nachzuführen, um im Sturzfall einen Pendelsturz zu verhindern. Die Spitze des Hubrettungssatzes ist immer senkrecht über der gesicherten Einsatzkraft zu halten, wenn diese für den Fahrzeugmaschinisten von seinem Bedienstand aus nicht einsehbar ist, muss eine Einsatzkraft mit Einsatzstellenfunk als Einweiser eingeteilt werden.

Als Grundsatz für die „Toprope"-Sicherung über Hubrettungsfahrzeuge gelten folgende Limitierungen hinsichtlich der maximalen An-

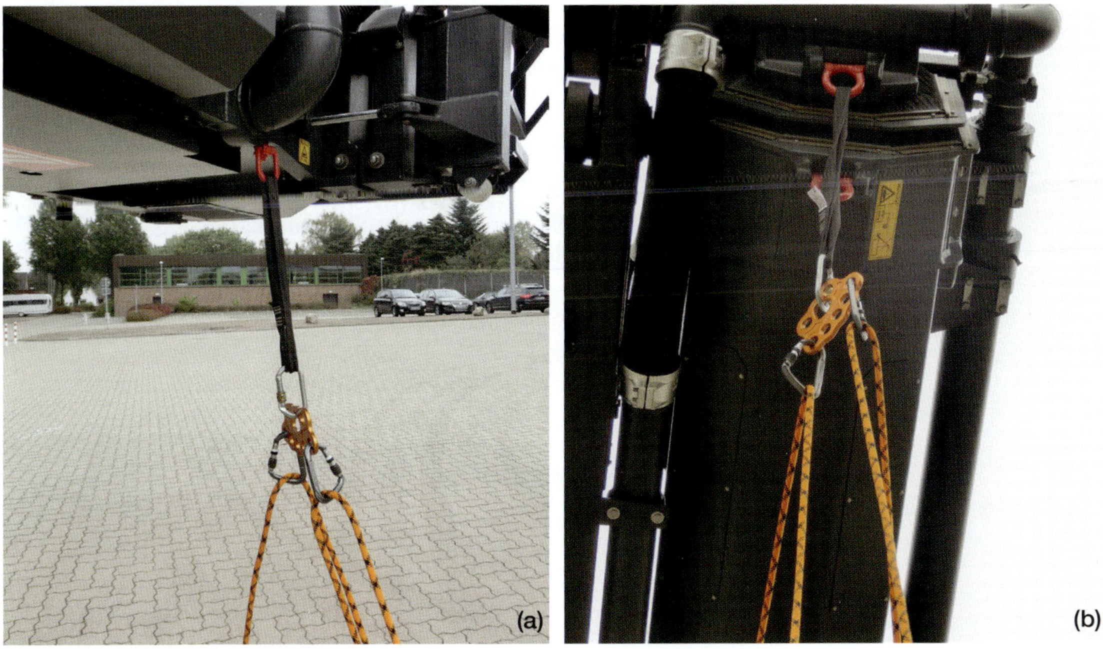

Abb. 110: (a) Stahlöse im Korbboden eines Teleskopmastfahrzeuges (hier am Beispiel einer Rosenbauer B32) als Anschlagpunkt für die Umlenkung des Sicherungsseiles. Bei diesem Beispiel ist an der Öse eine Riggingplatte über eine Bandschlinge angeschlagen; dadurch können die Seile von zwei Einsatzkräften über je einen Karabiner in der Riggingplatte umgelenkt werden, (b) Stahlöse an der Spitze des teleskopierbaren Auslegers eines Teleskopmastfahrzeuges als Anschlagpunkt für die Umlenkung der Sicherungsseile über eine Riggingplatte, mittels Bandschlinge in der Öse angeschlagen. Dadurch können die Seile von zwei Einsatzkräften über je einen Karabiner in der Riggingplatte umgelenkt werden. Diese Variante ist nur bei 90° zur Fahrzeuglängsachse gedrehtem Hubrettungssatz durchführbar

zahl der zu sichernden Einsatzkräfte:

- Bei Drehleitern mit 3-Personen-Rettungskorb ⇨ Sicherung einer Einsatzkraft
- Bei Drehleitern mit 4-Personen-Rettungskorb/5-Personen-Rettungskorb ⇨ Sicherung von maximal zwei Einsatzkräften ⇨ Abnahme Rettungskorb zwingend notwendig
- Bei Teleskopmastfahrzeugen mit 5-Personen-Rettungskorb ist die Sicherung von zwei Einsatzkräften möglich[14].

Grundsätze für die Sicherung von Einsatzkräften vom Boden mit Umlenkung des Sicherungsseiles über die Spitze des Hubrettungssatzes (I):

- Beachtung der Herstellerangaben bzw. der Bedienungsanleitung des Hubrettungsfahrzeuges!
- Bei Drehleitern Sicherung von **einer** Einsatzkraft (bei **3-Personen-Rettungskorb**) oder **maximal zwei** Einsatzkräften (bei **4-Personen/5-Personen-Rettungskorb** bei **Abnahme Rettungskorb**) möglich
- Bei Teleskopmastfahrzeugen Sicherung von **maximal zwei** Einsatzkräften (**5-Personen-Rettungskorb**) möglich
- ...

Abb. 111: Seilführung am Teleskopausleger bei Toprope-Sicherung. Die Seile werden durch zwei unterschiedlich lange Bandschlingen mit Karabiner in den beiden Lastösen an den Spitzen des unteren und oberen Teleskopauslegers geführt und an der Öse unter dem Korbboden umgelenkt

[14] Siehe hierzu auch Alpin-Lehrplan Band 5 „Sicherheit am Berg"; Pit Schubert, Pepi Stückl, BLV-Verlagsgesellschaft 2003; Messungen und Forschungen des DAV-Sicherheitskreise zur Belastung der Sicherungskette beim Klettern

Grundsätze für die Sicherung von Einsatzkräften vom Boden mit Umlenkung des Sicherungsseils über die Spitze des Hubrettungssatzes (II):

- ...
- Maximale Ausladung des Hubrettungssatzes innerhalb des Benutzungsfeldes mit der maximal zulässigen Korbzuladung (z.B. innerhalb 3-Personen-Belastungsfeld bei 3-Personen-Rettungskorb) ⇨ **Sicherheitsreserven für den Fall eines Sturzes der gesicherten Einsatzkraft in das Seil**
- Ausreichend dimensionierte(r) Anschlagpunkt(e) für Seilbremse(n) (z.B. HMS) am Fahrzeug (z.B. Fahrzeugschäkel, Fahrzeugrahmen, Leiterauflage, Hinterradfelge)
- Umlenkung des Sicherungsseiles/der Sicherungsseile an der Ausleger- bzw. Leiterspitze (z.B. erste und zweite Sprosse bei DLK) mittels Bandschlinge(n) und Karabiner(n)
- Spitze des Hubrettungssatzes mit der Seilumlenkung befindet sich immer lotrecht über der gesicherten Einsatzkraft bzw. den gesicherten Einsatzkräften, Nachführung durch Maschinisten
- Sichtverbindung zwischen Sicherungsmann/ Sicherungsmännern und gesicherter Einsatzkraft/ gesicherten Einsatzkräften erforderlich! Gesicherte Kommunikation, wenn möglich Funkkontakt.
- Sicherungsseil(e) sind permanent unter Spannung zu halten ⇨ **Vermeidung von Schlaffseilbildung!**
- **Ein freier Fall mit langer Sturzstrecke in das Sicherungsseil (Sturzfaktor > 0) muss ausgeschlossen sein!**

Abb. 112: Aufbau für die Sicherung von zwei Einsatzkräften aus dem Rettungskorb eines Teleskopmastfahrzeuges heraus; kleines Bild: Blick aus dem Rettungskorb

5.5 Toprope-Sicherung durch Sicherung aus dem Rettungskorb eines Hubrettungsfahrzeuges heraus

Bei der Sicherung über den Rettungskorb eines Hubrettungsfahrzeuges (Drehleiter oder Teleskopmastfahrzeug) wird die zu sichernde Einsatzkraft durch einen Sicherungsmann im Korb gesichert.

Bei einer Drehleiter dient als Anschlagpunkt (Festpunkt) für die Seilbremse (z.B. Halbmastwurfsicherung) die oberste Sprosse an der Leiterspitze.

Durchführung „Toprope-Sicherung“ aus Rettungkorb

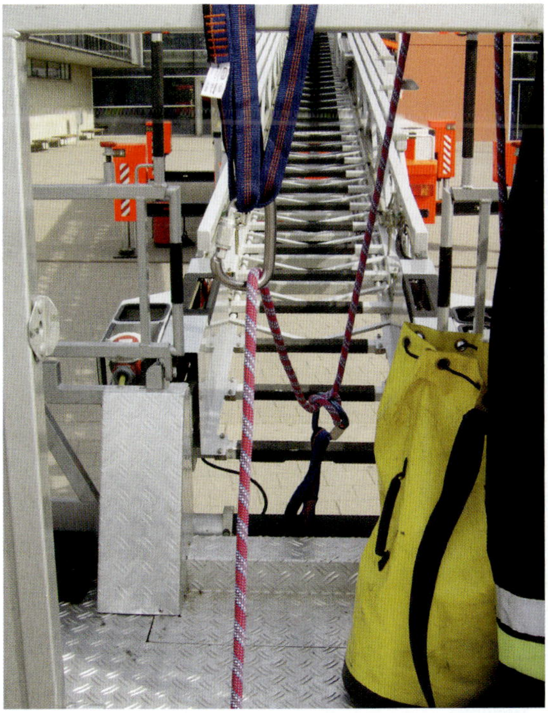

Abb. 113: Anschlagpunkt der Halbmastwurfsicherung an der vordersten Sprosse des Leitersatzes einer Metz/Rosenbauer-Drehleiter, Umlenkung des Sicherungsseiles mit Bandschlinge und Karabiner am Korbrand

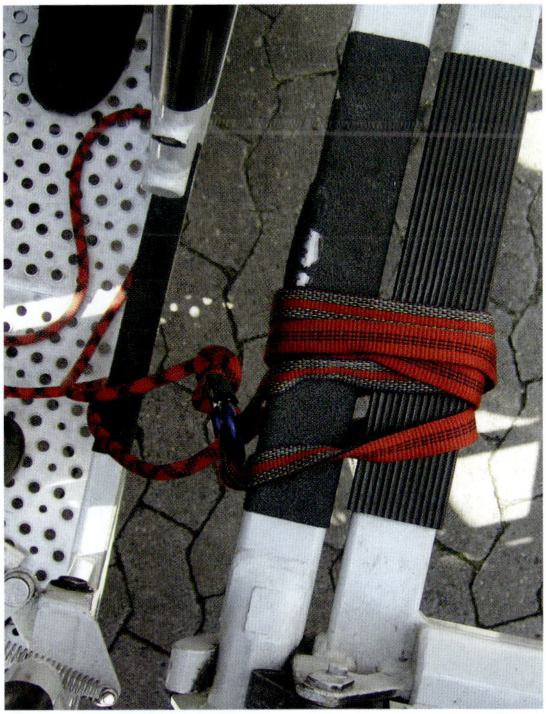

Abb. 114: Anschlagpunkt der Halbmastwurfsicherung an der vordersten Sprosse des Leitersatzes einer Magirus-Drehleiter

An der Korbumrandung wird mit Hilfe einer Bandschlinge und eines Karabiners eine Seilumlenkung eingerichtet, um so eine gute Führung des Sicherungsseiles über die Korbbodenkante zu gewährleisten und die Seilreibung am Korbrand zu minimieren.

Die maximale Ausladung der Drehleiter muss sich innerhalb des Benutzungsfeldes der maximal möglichen Korbzuladung befinden (z.B. 3-Personen-Benutzungsfeld bei 3-Personen-Rettungskorb). Die Grenze dieses Benutzungsfeldes muss permanent eingehalten werden, um im Falle eines Sturzes bzw. Einbruchs der gesicherten Einsatzkraft einerseits die Standsicherheit der Drehleiter nicht zu gefährden und andererseits Beschädigungen des Leitersatzes zu vermeiden.

Beim Rettungskorb eines Teleskopmastfahrzeuges kann die hier massiver ausgeführte Korbumrandung als Anschlagpunkt (Festpunkt) für das Anschlagen der Seilbremse (z.B. Halbmastwurfsicherung) herangezogen werden.

Um eine möglichst reibungsfreie Seilführung an der Außenkante des Rettungskorbes zu gewährleisten und um Beschädigungen des

Abb. 115: Beispiel für Anschlagpunkt der Halbmastwurfsicherung an der rückwärtigen Korbumrandung bei einem Rosenbauer B32-Teleskopmastfahrzeug. Das Stahlgeländer wird dabei mehrmals mit der Bandschlinge umschlungen

Kernmantel-Dynamikseils weitmöglichst auszuschließen, muss das Seil mittels Umlenkkarabiner an der Korbfront um ca. 90° umgelenkt werden. Für die dazu benötigten Umlenkkarabiner können ebenfalls Teile der massiven Korbumrandung in diesem Bereich genutzt werden.

Wichtig dabei ist, dass zwei ausreichend dimensionierte Festpunkte an der Korbkonstruktion ausgewählt werden, welche eine ausreichende Tragfähigkeit besitzen. Hier kann als Anhaltspunkt für die erforderliche Tragfähigkeit ca. das doppelte Körpergewicht der jeweils gesicherten Einsatzkraft angenommen werden, d.h. der Festpunkt für die Seilbremse eines Sicherungsseils muss einer Kraft zwischen 1,6 kN und maximal 2,0 kN standhalten[15].

Bei der Sicherung von zwei Einsatzkräften aus dem Rettungskorb eines Teleskopmastfahrzeuges heraus sollten die beiden Sicherungs-

Abb. 116: Beispiel für Umlenkpunkte an der frontalen Korbumrandung eines Rosenbauer B32-Teleskopmastfahrzeuges bei Sicherung von zwei Einsatzkräften. Dabei sollten die beiden Seile über Kreuz laufen (aber nicht aneinander scheuern!), um eine bessere Handhabung der HMS zu gewährleisten

[15] Siehe hierzu auch Alpin-Lehrplan Band 5 „Sicherheit am Berg"; Pit Schubert, Pepi Stückl, BLV-Verlagsgesellschaft 2003; Messungen und Forschungen des DAV-Sicherheitskreise zur Belastung der Sicherungskette beim Klettern

seile zwischen den Anschlagpunkten an der Korbrückseite und den Umlenkpunkten an der Korbvorderseite über Kreuz installiert werden (siehe Abb. 116). Hierdurch haben beide Sicherungsmänner im Korb die Möglichkeit, ein Absacken einer gesicherten Einsatzkraft (z.B. bei Einbruch in ein Dach) durch kontrollierten Seildurchlauf durch die Seilbremsen (z.B. Halbmastwurfsicherung) sicher abzufangen. Außerdem erleichtert diese Anordnung der Sicherungsseile das Seilausgeben und -einholen während der Auf- u. Abwärtsbewegung des Rettungskorbes während der Arbeiten im absturzgefährdeten Bereich.

Dabei dürfen die beiden sich kreuzenden Kernmantel-Dynamikseile jedoch nicht übereinander laufen, die hierdurch entstehende Seilreibung würde die Seilmäntel beschädigen! Das lässt sich dadurch vermeiden, indem man für beide Anschlagpunkte für die Seilbremse Festpunkte in unterschiedlichen Höhen der Korbrückseite auswählt.

Achtung: Bei der „Toprope"-Sicherung von zwei Einsatzkräften aus dem Rettungskorb eines Teleskopmastfahrzeuges heraus muss darauf geachtet werden, dass die beiden Sicherungsseile nicht aneinander reiben!

Während der Arbeiten ist darauf zu achten, dass sich der Rettungskorb von Drehleiter oder Teleskopmastfahrzeug stets senkrecht über der gesicherten Einsatzkraft befindet, um im Falle eines Sturzes bzw. eines Einbrechens dieser Einsatzkraft einen unkontrollierten Pendelsturz zu vermeiden. Da der Sicherungsmann (bzw. die beiden Sicherungsmänner bei einem Teleskopmast) im Rettungskorb die Lage des Korbes über der gesicherten Einsatzkraft nicht selbst regeln bzw. korrigieren kann bzw. können, müssen die hierfür notwendigen Bewegungen des Hubrettungssatzes durch den Fahrzeugmaschinisten nach Einweisung durch den Sicherungsmann erfolgen. Hierfür kann die Gegensprechanlage des Hubrettungssatzes genutzt werden. Das Sicherungsseil ist durch den Sicherungsmann im Rettungskorb dabei permanent unter Spannung zu halten, um eine Schlappseilbildung zu verhindern.

Bei der Sicherung einer Einsatzkraft gegen Absturz aus dem Rettungskorb einer **Drehleiter** heraus kann **eine Einsatzkraft** gesichert werden.

Bei Einsatz eines **Teleskopmastfahrzeuges** zur Sicherung aus dem Rettungskorb heraus können **zwei Einsatzkräfte** gesichert werden[16].

Tipp: Anzahl der zu sichernden Einsatzkräfte bei „Toprope"-Sicherung aus dem Rettungskorb von Hubrettungsfahrzeugen heraus:

Drehleiter ⇨ eine Einsatzkraft

Teleskopmastfahrzeug ⇨ zwei Einsatzkräfte

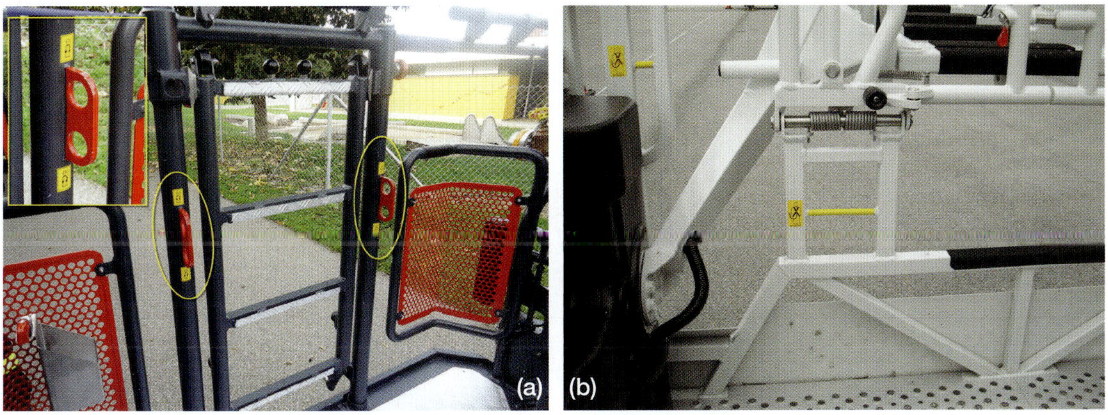

Abb. 117: Anschlagpunkte für die Selbstsicherung eines Sicherungsmannes (a) im Rettungskorb bei einer Rosenbauer/Metz-Drehleiter und (b) einer Magirus-Drehleiter; die Lastösen haben ein statisches Lastaufnahmevermögen von 100 kg

Der Sicherungsmann im Rettungskorb von Drehleiter und Teleskopmastfahrzeug muss sich selbst gegen Absturz sichern (Einrichtung einer Standplatzsicherung). Bei Drehleitern kann er hierfür geeignete Anschlagpunkte im Rettungskorb nutzen, die bei Drehleitern ab Baujahr 2010 in die Korbumrandung eingelassen sind. Die Festpunkte weisen ein statisches Lastaufnahmevermögen von 100 kg auf. Die Sicherung an den Anschlagpunkten im Rettungskorb kann z.B. mittels FW-Haltegurt oder der Selbstsicherungsschlinge eines Integrierten Rettungssystems (IRS) erfolgen. Weiterhin lassen sich herstellerseitig als Zubehör selbstblockierende Sicherungsgeräte am Ret-

---

16 Siehe auch Alpin-Lehrplan Band 5 „Sicherheit am Berg"; Pit Schubert, Pepi Stückl, BLV-Verlagsgesellschaft 2003; Messungen und Forschungen des DAV-Sicherheitskreise zur Belastung der Sicherungskette beim Klettern

tungskorb montieren, dessen Karabiner in den FW-Haltegurt, einen Auffanggurt oder in die Halteschlaufe eines Integrierten Rettungssystems (IRS) eingehängt werden können. Bei diesen Sicherungsgeräten lassen sich die Stahlseile oder Bänder abrollen und blockieren im Falle eines beginnenden Sturzes automatisch; ein Absturz der hiermit gesicherten Einsatzkraft wird so verhindert.

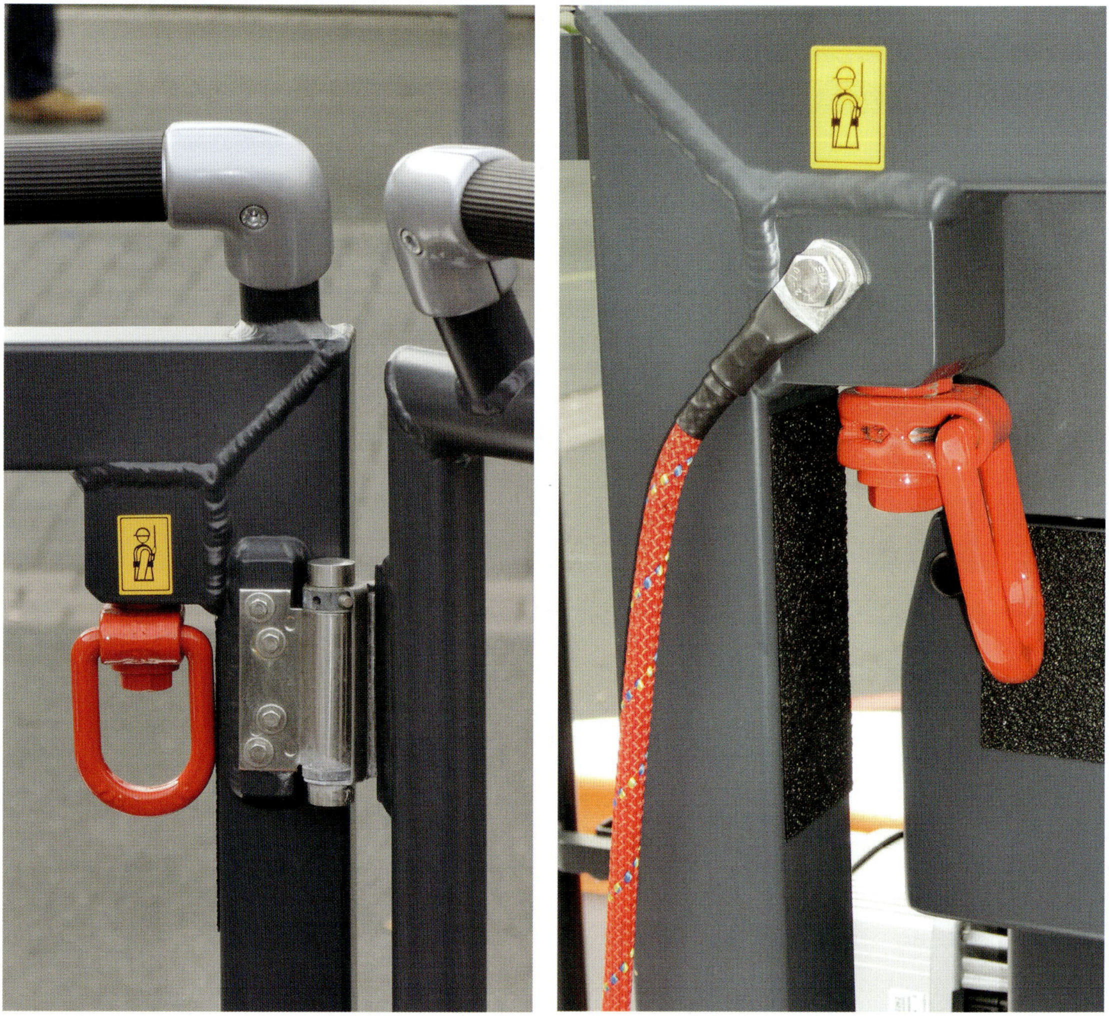

Abb. 118: Anschlagpunkte für die Selbstsicherung des Sicherungsmannes im Rettungskorb eines Teleskopmastes am Beispiel eines Rosenbauer B32-Teleskopmastfahrzeuges

Grundsätze für die Sicherung einer Einsatzkraft aus dem Rettungskorb eines Hubrettungsfahrzeuges heraus:

- maximale Ausladung des Hubrettungssatzes innerhalb des Benutzungsfeldes mit der maximal möglichen Korbzuladung (z.B. 3-Personen-Benutzungsfeld bei 3-Personen-Rettungskorb)
- Anschlagen der Seilbremse (z.B. HMS) an geeignetem Anschlagpunkt, z.B. an der obersten Sprosse des Leitersatzes bei Drehleiter, Korbumrandung bei Teleskopmastfahrzeugen
- Seilumlenkung an Korbrand (Korbumrandung)
- Rettungskorb befindet sich während der Sicherungsarbeiten senkrecht über der gesicherten Einsatzkraft (ggf. Nachführen des Korbes durch Fahrzeugmaschinisten nach Einweisung des Sicherungsmannes im Korb)
- Bei Einsatz einer **Drehleiter: Eine gesicherte Einsatzkraft** und **ein Sicherungsmann** im Korb
- Bei Einsatz eines Teleskopmastes: maximal **zwei gesicherte Einsatzkräfte** und **zwei Sicherungsmänner** im Korb
- **Selbstsicherung (Standplatzsicherung) des Sicherungsmannes im Rettungskorb an geeigneten Festpunkten im Korb (z.B. mit FW-Haltegurt oder Selbstsicherungsschlinge eines IRS)**
- Sicherungsseil(e) sind permanent unter Spannung zu halten ⇨ **Vermeidung von Schlaffseilbildung!**
- **Ein freier Fall mit langer Sturzstrecke in das Sicherungsseil (Sturzfaktor > 0) muss ausgeschlossen sein!**

Sicherung mehrerer Einsatzkräfte über Drehleiter

5.6 Sicherung mehrerer Einsatzkräfte über den Leitersatz einer Drehleiter

Ist die gleichzeitige Sicherung mehrerer Einsatzkräfte (Sicherung von mehr als zwei Einsatzkräften), beispielsweise auf einem Schrägdach oder Satteldach erforderlich, kann noch eine weitere Einsatzvariante der Absturzsicherung mit dem Gerätesatz Absturzsicherung nach DIN 14800-17 in Kombination mit einer Drehleiter angewendet werden. Dabei dient der Leitersatz der Drehleiter als Umlenkpunkt für die einzelnen Sicherungsstränge. Aufgrund der auf maximal zwei Einsatzkräfte beschränkten Sicherungsmöglichkeit über Hubrettungsfahrzeuge im Freistand (z.B. bei Drehleitern mit 4- bzw. 5-Personen-Rettungskorb und demontiertem Korb) darf bei der gleichzeitigen Sicherung von mehr als zwei Einsatzkräften die Drehleiter nicht mehr im Freistand belastet werden. In diesem Fall besteht die Möglichkeit, den Leitersatz flächig auf das Einsatzobjekt, z.B. die Dachfläche eines Satteldaches, aufzulegen.

Da dieser in diesem Fall nicht mehr im Freistand belastet wird und auf einer großen Fläche aufliegt, ist ein Umstürzen der Drehleiter auch beim gleichzeitigen Sturz mehrerer gesicherter Einsatzkräfte ausgeschlossen.

Bei dieser Sicherungsvariante wird der Leitersatz auf die benötigte Länge ausgefahren und auf dem Objekt (z.B. Gebäudedach) aufgelegt. Anschließend muss der Fahrzeugmotor abgestellt werden, um die zu sichernden Einsatzkräfte (mit angelegten und ins Sicherungsseil eingebundenen Auffanggurten) im Leitersatz bis zur vorgesehenen Arbeitsstelle aufsteigen zu lassen.

Achtung: Während der gesamten Dauer der Arbeiten muss der Fahrzeugmotor der Drehleiter abgeschaltet bleiben, um Bewegungen des Hubrettungssatzes zu verhindern! Durch das Aus- o. Einfahren der Leiterteile bestünde die Gefahr des Abscherens der Bandschlingen der Seilumlenkungen an den seitlichen Umgurtungen des Leitersatzes.

Der Aufbau der einzelnen Sicherungskette für jede Einsatzkraft läuft dann in folgender Reihenfolge ab:

- Auf Höhe der Arbeitsstelle wird durch das Anschlagen einer Bandschlinge mit Karabiner an der seitlichen Umgurtung des Leitersatzes die Umlenkung des Sicherungsseiles eingerichtet.
- Die zu sichernde Einsatzkraft legt das Seil in den Karabiner der Umlenkung ein und verriegelt anschließend den Karabiner.
- Der Sicherungsmann am Boden legt das Seil in die Seilbremse (z.B. Halbmastwurfsicherung in HMS-Karabiner ein.
- Nach Signalisierung der Einsatzbereitschaft von beiden Einsatzkräften (Sicherungsmann und gesicherte Einsatzkraft im Leitersatz) kann der Ausstieg auf das Objekt (z.B. Hausdach) erfolgen.

Auch bei diesem Verfahren ist eine gute und klare Kommunikation zwischen der gesicherten Einsatzkraft und dem Sicherungsmann zwingend erforderlich! Bei unübersichtlichen Einsatzstellen und mehreren gesicherten Einsatzkräften kann der Einsatz einer Sicherheitsaufsicht mit Sichtkontakt zu allen gesicherten und sichernden Einsatzkräften sinnvoll sein. Diese überwacht die Sicherheit in diesem Einsatzabschnitt und kann bei Gefahrensituationen ggf. einschreiten und alle Arbeiten stoppen. Hierfür muss dieser und alle anderen beteiligten Einsatzkräfte mit Sprechfunk ausgerüstet sein.

Bei Durchführung dieser Einsatzvariante muss auf ausreichende vertikale Abstände zwischen den einzelnen gesicherten Einsatzkräften auf dem Dach geachtet werden. Sollte die obere von beiden (oder mehreren) gesicherten Einsatzkräften auf einer Leiterseite abrutschen, darf diese keinesfalls die darunter befindlichen Einsatzkräfte gefährden.

Bei vertikalem (abwärts) und/oder horizontalem Vorstieg auf dem Objekt zwischen Leitersatz und Arbeitsplatz müssen die gesicherten Einsatzkräfte in entsprechenden Abständen Zwischensicherungen legen (siehe Kap. 5).

Die maximal mögliche Arbeitshöhe der gesicherten Einsatzkraft hängt bei dieser Einsatzvariante von folgenden Faktoren ab:

- der verfügbaren Seillänge (nach Norm 60 m)
- der Höhe des jeweiligen Umlenkpunktes des Sicherungsseils am Leitersatz bzw. der letzten vertikal gelegten Zwischensicherung

- Der insgesamt ausgegebenen Seillänge zwischen der gesicherten Einsatzkraft auf dem Objekt und der Seilbremse

Auch bei dieser Einsatzvariante muss sichergestellt sein, dass die gesicherte Einsatzkraft im Falle des Abrutschens oder Einbrechens jederzeit am Sicherungsseil in einen sicheren Bereich am Boden abgelassen werden kann. Als Hilfestellung kann dabei die Mittenmarkierung des Kernmantel-Dynamikseils dienen. Das Sicherungsseil darf maximal bis zu dieser Markierung in der Seilmitte ausgegeben werden!

Eine weitere Sicherungsmöglichkeit unter Zuhilfenahme des Hubrettungssatzes einer Drehleiter ist die Sicherung von Einsatzkräften mit Nahbereichssicherungen (Doppelstrang-Verbindungsmittel mit Bandfalldämpfer nach EN 354 und EN 355) an der seitlichen Umgurtung des Leitersatzes. Diese können optionaler Bestandteil des Gerätesatzes Absturzsicherung nach DIN 14800-17 sein.

Abb. 119: Beispiel für den Aufbau des Sicherungsseiles zur Sicherung mehrerer Einsatzkräfte mit einer Drehleiter. Der Leitersatz wird auf das Objekt aufgelegt, anschließend erfolgt der seitliche Ausstieg der Einsatzkräfte. Die Umlenkung des Sicherungsseiles erfolgt an den Streben der Umgurtung

Abb. 120: Sicherung mit Seilumlenkung über die Flanken des Leitersatzes einer Metz-Drehleiter. Die Sicherung erfolgt durch eine Einsatzkraft am Boden. **Hinweis:** Als Hilfe für die Fortbewegung auf der Dachfläche kann eine Steckleiter in die Leiterhaken eingehängt werden (soweit vorhanden)

Hierfür wird der Leitersatz wie vorstehend beschrieben auf die erforderliche Länge (Länge der zu begehenden Dachfläche) ausgefahren und auf dem Gebäudedach aufgelegt. Anschließend wird der Fahrzeugmotor abgestellt und die vorgehenden Einsatzkräfte steigen im Leitersatz auf. An den entsprechenden Ausstiegsstellen haken sie die Gerüsthaken der Nahbereichssicherung an den Streben der Umgurtung ein und steigen auf das Dach über.

Der Nachteil dieser Sicherungsvariante liegt in dem eng begrenzten Bewegungsbereich der gesicherten Einsatzkräfte, der durch die Schlingenlänge der Nahbereichssicherung bedingt ist (ca. 1,20 m – 1,50 m).

Abb. 121: Sicherung über die Flanken des Leitersatzes mit Hilfe von Nahbereichssicherungen mit integriertem Falldämpfer. Die Karabinerhaken der Nahbereichssicherungen werden in die Streben der seitlichen Umgurtung des Leitersatzes eingehängt

Grundsätze für die Sicherung von Einsatzkräften an der seitlichen Umgurtung des Leitersatzes mit Kernmantel-Dynamikseil:

- Maximale Abstützbreite der Drehleiter ausnutzen
- Auflegen des Hubrettungssatzes auf dem Gebäudedach nach Ausfahren des Leitersatzes auf die erforderliche Länge (Länge der zu begehenden Dachfläche)
- **Abstellen des Fahrzeugmotors vor dem Aufsteigen der zu sichernden Einsatzkräfte!**
- Bedienstand der Drehleiter bleibt während der Dauer der Arbeiten vom Maschinisten besetzt!
- Gute und klare Kommunikation zwischen gesicherter Einsatzkraft im Leitersatz und Sicherungsmann am Boden (ggf. Funk)
- Ggf. Legen von Zwischensicherungen
- Einhaltung ausreichender vertikaler Abstände zwischen den einzelnen gesicherten Einsatzkräften an den jeweiligen Leiterseiten
- **Ausgeben des Sicherungsseiles maximal bis zur Seilmitte (Mittenmarkierung beachten)!**
- **Ggf. Sicherheitsaufsicht mit Sichtkontakt zu allen gesicherten und sichernden Einsatzkräften (ggf. mit Funk)**

Verwendete Abkürzungen

bzw.	beziehungsweise
ca.	circa (ungefähr, etwa)
DGUV …	Unfallverhütungsvorschrift der Deutschen gesetzlichen Unfallversicherung (Dachverband)
DGUV Information …	Information der Deutschen gesetzlichen Unfallversicherung (Dachverband)
DGUV Regel …	Regel der Deutschen gesetzlichen Unfallversicherung (Dachverband)
d.h.	das heißt
DIN …	Kennung für das deutsche Normenwerk
DIN EN	in das deutsche Normenwerk aufgenommene europäische Norm
FwDV	Feuerwehr-Dienstvorschrift
h	Einheit für Stunde
HMS	Halbmastwurfsicherung
IRS	Integriertes Rettungssystem
mind.	mindestens
o. Ä.	oder Ähnliche(s)
usw.	und so weiter
u.U.	unter Umständen
UV	ultraviolett
UVV	Unfallverhütungsvorschrift(en)
z.B.	zum Beispiel

Literatur- und Quellenverzeichnis

BG/GUV 77.80: „Am Abgrund", Präventionsfilm und Stoffsammlung der Deutschen Gesetzlichen Unfallversicherung DGUV, Dezember 2012

DGUV Infoblatt Nr. 4: Haltegurt und andere Haltesysteme in der Feuerwehr. 05.2014

DGUV Information 205-010: Sicherheit im Feuerwehrdienst. Januar 2006, aktualisierte Fassung Juli 2011

DGUV Regel 112-198: Benutzung von persönlichen Schutzausrüstungen gegen Absturz. März 2011

DIN EN 1496:2019-02: Persönliche Absturzschutzausrüstungen – Rettungsschlaufen. Beuth-Verlag, Berlin

DIN EN 354:2010-11: Persönliche Schutzausrüstung gegen Absturz – Verbindungsmittel. Beuth-Verlag, Berlin

DIN EN 355:2002-09: Persönliche Schutzausrüstung gegen Absturz – Falldämpfer. Beuth-Verlag, Berlin

DIN EN 358:2019-02: Persönliche Schutzausrüstung gegen Absturz – Haltegurte. Beuth-Verlag, Berlin

DIN EN 361:2002-09: Persönliche Schutzausrüstung gegen Absturz – Auffanggurte. Beuth-Verlag, Berlin

DIN EN 362:2008-09: Persönliche Schutzausrüstung gegen Absturz – Verbindungselemente. Beuth-Verlag, Berlin

DIN EN 365:2004-12: Persönliche Schutzausrüstung zum Schutz gegen Absturz – Allgemeine Anforderungen an Gebrauchsanleitungen, Wartung, regelmäßige Überprüfung, Instandsetzung, Kennzeichnung und Verpackung. Beuth-Verlag, Berlin

DIN EN 795:2012-10: Persönliche Absturzschutzausrüstung – Anschlageinrichtungen; Beuth-Verlag, Berlin

DIN EN 813:2008-11: Persönliche Absturzschutzausrüstung – Sitzgurte. Beuth-Verlag, Berlin

DIN EN 892:2016-12: Bergsteigerausrüstung – Dynamische Bergseile – Sicherheitstechnische Anforderungen und Prüfverfahren. Beuth-Verlag, Berlin

Diverse Publikationen der DAV-Sicherheitsforschung in der Fachzeitschrift „Berg und Steigen", herausgegeben vom Deutschen Alpenverein, Schweizer Alpenclub SAC, Alpenverein Südtirol und Österreichischem Alpenverein.

Edelrid: Seilfibel_dynamisch_2015_DE_ANSICHT.pdf – Edelrid Work Safety – Wissen

Edelrid: Seilfibel_statisch_2016_DE_ANSICHT.pdf – Edelrid Work Safety – Wissen

Empfehlung der AGBF – Spezielle Rettung aus Höhen und Tiefen – Arbeitsgemeinschaft der Leiter der Berufsfeuerwehren AK Ausbildung Bund -18.06.2019

HABERKORN & Co GmbH: Katalog PSA gegen Absturz, Freistadt/Österreich, Ausgabe 2015

Kemper, H. (2007): Grundtätigkeiten Retten und Selbstretten. Reihe Fachwissen Feuerwehr. ecomed-Storck, Landsberg

Linde, C. (2011): Knoten, Stiche, Bunde und Anschlagmittel. Reihe Fachwissen Feuerwehr. ecomed-Storck, Landsberg

PETZL: Katalog Vertikale Aktivitäten – Beleuchtung

Schubert, P. (2003): Sicherheit und Risiko in Fels und Eis. Band 2, Bergverlag Rother. Schubert, P.; Stückl, P.: Alpin-Lehrplan 5 – Sicherheit am Berg – Ausrüstung-Sicherung. 4. neubearbeitete Auflage 2003

Sojer, G; Schellhammer, C.; Pohl, W. (2008): Seil- und Sicherungstechnik. Bruckmann-Verlag, München

Werft, W. (2017): Drehleitereinsatz. Reihe Technik · Taktik · Einsatz. ecomed-Storck, Landsberg

Werft, W. (2019): Grundlagen der Absturzsicherung, Reihe Fachwissen Feuerwehr. 4. Auflage, ecomed-Storck, Landsberg

Werft, W.; Cimolino, U.; Heyne, T.; Springer, H. (2009): Absturzsicherung und einfache Rettung aus Höhen und Tiefen. Reihe Einsatzpraxis. ecomed-Storck, Landsberg

Stichwortverzeichnis